本 书 编 委 会

主　　编：李忠国　宋永会

副 主 编：李锋德　段　亮　李宇斌　张　远

参编人员：彭剑峰　高红杰　田智勇　胡　成　李法云

　　　　　邸炳权　杨　祎　满　瀛　单保庆　王延松

　　　　　王　彤　王立强　刘雅萍　曾　萍　向连城

　　　　　袁　鹏　王思宇　李　蕊　孔维静　唐文忠

国家重点图书出版规划项目
十二五
辽河流域水污染综合治理系列丛书

辽河保护区治理与保护技术

李忠国　宋永会　主编

李锋德　段　亮　李宇斌　张　远　副主编

中国环境出版社·北京

图书在版编目（CIP）数据

辽河保护区治理与保护技术 / 李忠国，宋永会主编.
—北京：中国环境出版社，2013.5
（辽河流域水污染综合治理系列丛书）
ISBN 978-7-5111-1360-3

Ⅰ．①辽…　Ⅱ．①李…②宋…　Ⅲ．①辽河流域—流域环境—生态环境—流域治理—综合治理—研究　Ⅳ．①X522.06

中国版本图书馆 CIP 数据核字（2013）第 040629 号

出 版 人　王新程
策划编辑　葛　莉
责任编辑　葛　莉　刘　杨　王海冰
责任校对　尹　芳
封面设计　彭　杉

出版发行　**中国环境出版社**
　　　　　（100062　北京市东城区广渠门内大街 16 号）
　　　　　网　　　址：http://www.cesp.com.cn
　　　　　电子邮箱：bjgl@cesp.com.cn
　　　　　联系电话：010-67112765（编辑管理部）
　　　　　　　　　　010-67113412（教育图书事业部）
　　　　　发行热线：010-67125803，010-67113405（传真）
印　　刷　北京中科印刷有限公司
经　　销　各地新华书店
版　　次　2013 年 5 月第 1 版
印　　次　2013 年 5 月第 1 次印刷
开　　本　787×1092　1/16
印　　张　13.5
字　　数　255 千字
定　　价　53.00 元

序

　　辽河是我国七大江河之一，是辽宁人民的母亲河，素有"辽河不治，辽宁不宁；辽河不清，辽宁难兴"之说。改革开放以来，随着辽河流域的开发和工业化、城市化加速，辽河流域生态环境日趋恶化，生态系统结构功能逐渐退化，已成为制约辽宁中部地区经济和社会发展的重要因素。自国家"九五"计划起，辽河被列入国家重点治理的"三河三湖"之一，开展了一系列治理工作，但辽河治理和保护中一些深层次问题和矛盾仍然十分突出，主要包括：辽河防洪减灾体系不完善；河流资源开发过度，河道生态系统遭受严重破坏；水污染严重，水环境问题突出；生态环境压力大，管理任务繁重。

　　"十一五"期间，随着国家和地方对流域治理力度的加大，辽河治理取得突破性进展，实现了干流水质 COD 消灭劣 V 类的目标，提前一年完成国家"十一五"辽河治理规划目标。辽河干流治理的实践，进一步增强了治理好母亲河的信心和决心。为了巩固辽河干流治理成果，实现可持续发展的长远目标，2010 年，辽宁省委、省政府划定辽河保护区，设立辽河保护区管理局，在保护区范围内依法统一行使环保、水利、国土资源、交通、农业、林业、海洋与渔业等部门的监督管理、行政执法以及建设职责，体现了国际上先进的流域综合管理理念，实现了辽河治理和保护工作体制和机制创新。辽河保护区划区设局，使辽河治理和保护工作由过去的多龙治水、分段管理、条块分割向统筹规划、集中治理、全面保护转变。这是国内成立的第一个以保持流域完整性和生态系统健康为宗旨的流域综合管理省级行政机构，在全国河流管理与保护方面开创了先河，标志着辽河治理和保护进入了全面整治、科学保护的新时期，辽河已进入休养生息的新阶段。作为国内第一个大型河流保护区，急需相关理论与技术支持。为此，辽河保护区管理局统筹规划，邀请中国环境科学研究院等单位开展科学研究，部分成果总结为《辽河保护区治理与保护技术》图书。

　　本书从方法学上贯彻了辽河治理与保护顶层设计的思想。在分析"十二五"环境形势及主要问题基础上，制定了辽河保护区治理与保护"十二五"路线图。以建设防洪安全、水质良好、生态健康、景观优美的健康河流生态系统为出发点，在国内生态环境保护研究中首次融合了水利学、生态学、环境学、景观学、经济学等多学科交叉理念，统筹考虑水利工程、污染治理工程、生态修复工程、示范区建设工程等项目的相互影响及关系，提出了"一条生命线，一张湿地网，两处景观带，二十个示范区"的辽河生态保护战略新格局。研究确定了辽河保护区治理保护总体目标、阶段目标、指标体系及重点建设任务等内容，制定了土地利用区划、生态系统修复、河道综合治理、生态示范区建设、治理与保护能力建设等 5 个专项规划。

　　本书贯彻了以人为本、人水和谐的科学发展理念。按照分区、分类、分级、分期的治理和保护原则，为合理保护、建设、开发、利用，恢复辽河的生物完整性和自然风貌提供了科学依据，为国家重点流域的综合治理提供了有益经验。河流保护区治理与保护理论的研究，对落实"让江河湖泊休养生息"的国家战略，实现"人水相亲、自然和谐"，经济社会和环境协调发展、人与自然和谐相处具有重要的战略意义。

中 国 工 程 院 院 士
中国环境科学研究院　研究员

前　言

辽河是我国七大江河之一，历史上辽河水旱灾害频发、水污染严重、水生态恶化，多年来污染指数一直居全国七大流域前列，"九五"期间被国家纳入重点治理的"三河三湖"之一。"十一五"期间，在流域地方的大力治理下，在相关科研团队的技术支撑下，辽河水污染治理取得较大进展，实现了干流水质 COD 消灭劣 V 类。河流治理与生态系统修复是全球关注的焦点，为了能更好地阐述河流流域污染治理与保护的理论、总结技术经验，我们组织编写了国家"十二五"重点图书出版规划项目《辽河流域水污染综合治理系列丛书》。

2010 年 3 月，以实现辽宁省委省政府提出的"根治辽河、彻底恢复辽河生态"目标为根本目的，辽河保护区管理局启动了"辽河保护区生态治理与保护技术"研究课题，委托中国环境科学研究院为主持单位，由辽河保护区管理局、辽宁省水利水电勘测设计研究院、辽宁省辽河保护区发展促进中心共同承担。研究组首次以流域顶层设计的理念，通过多目标综合，在辽河保护区生态治河目标构建技术、土地利用空间划分技术、生态系统修复技术、河道综合治理技术、生态示范区建设技术、保护能力建设技术等 6 个方面进行研究，形成单项技术 30 余项，并进行了技术集成；研究成果于 2011—2012 年在辽河保护区全面应用，使保护区建设取得突破性进展，生态环境及经济效益显著。目前，河滩地植被覆盖率提高了 50%，生物多样性快速恢复，辽河生态环境进入正向演替阶段，水质创几十年来辽河干流最好水平，研究成果对辽河"摘掉重度污染帽子"起到了关键性作用。为系统总结辽河保护区治理与保护的理论与技术经验，辽河保护区相关研究人员总结已有成果，编写了《辽河保护区治理与保护理论》、《辽河保护区治理与保护技术》、《辽河保护区治理与保护"十二五"规划》图书 3 本，作为辽河流域水污染综合治理系列丛书的前 3 册。

　　《辽河保护区治理与保护区技术》坚持科学发展原则，按照环境建设、经济建设、城镇建设同步规划、同步实施、同步发展的方针，实现环境效益、经济效益、社会效益的统一；统筹河道整治与河流湿地恢复、环境污染控制、生态建设保护和资源合理利用，在深入研究辽河干流及主要支流水环境质量现状、生态环境质量现状的基础上，分析辽河干流治理与保护中存在的问题；系统总结了辽河干流重点段污染控制与水质强化项目，清河、汛河、柳河河口污染控制与水生态建设项目，辽河保护区支流汇入口人工湿地建设项目，辽河保护区湿地网建设项目的设计理念及工程经验，探讨了不同区域环境综合治理措施。期望本书不仅能更好地指导辽河保护区的治理工作，也能够为我国其他流域河流保护区建设提供技术参考。

　　由于研究开展的时间相对较短，总结和撰稿较为仓促，加之编者水平所限，故错误和疏漏在所难免，敬请广大读者和专家批评指正。

本书编委会

2013 年 5 月

目　录

第 1 章　辽河保护区概况

为了治理辽河，实现可持续发展的长远目标，2010 年，辽宁省委、省政府借鉴国外河流管理先进经验，划定辽河保护区，设立辽河保护区管理局，在保护区范围内统一依法行使环保、水利、国土资源、交通、农业、林业、海洋与渔业等部门的监督管理和行政执法职责以及保护区建设职责，体现了流域综合管理的理念。辽河保护区划区设局，使辽河治理和保护工作由过去的多龙治水、分段管理、条块分割向统筹规划、集中治理、全面保护转变。这是国内成立的第一个以流域综合管理为目标的行政机构，标志着辽河治理和保护进入了全面整治、科学保护的新时期，辽河已进入休养生息的新阶段。

辽河保护区始于东西辽河交汇处（铁岭福德店），终于盘锦入海口，分布在东经 $123°55.5'\sim121°41'$，北纬 $43°02'\sim40°47'$，面积为 $1\,869.2\ km^2$ 的区域。

1.1 自然地理状况

1.1.1 地理位置

辽河干流地处我国东北地区的西南部，是我国七大江河之一，发源于河北省七老图山脉之光头山（海拔 $1\,490\ m$），流经河北、内蒙古、吉林、辽宁 4 省区，至盘山注入渤海，流域面积 21.96 万 km^2，全长 $1\,345\ km$。其中辽宁省境内的流域面积约为 6.92 万 km^2（含支流流域面积），地理位置为东经 $117°00'\sim125°30'$，北纬 $40°30'\sim45°10'$。

辽河上游的西辽河和东辽河于福德店相汇后进入辽宁省境内，纵贯全省的辽北康法丘陵区与下辽河平原区，流经辽宁省中部的铁岭、沈阳、鞍山、盘锦 4 个市。

辽河非汛期河道流量较小，河道内滩地开阔、地势平坦，河道迂回曲折，河道比降小，泥沙淤积严重，是辽宁省汇流时间最长、泄洪能力较差的河流。辽河干流共有流域面积 $100\ km^2$ 以上的一级支流及排干 22 条（含东、西辽河）。其中，流域面积 $5\,000\ km^2$ 以上的大型河流 4 条，即东辽河、西辽河、绕阳河和柳河；流域面积 $1\,000\sim5\,000\ km^2$ 的中型河流有 7 条，具体为：公河、招苏台河、清河、柴河、汎河、秀水河、养息牧河；流域面积 $100\sim1\,000\ km^2$ 的小型河流 11 条，具体为：亮子河、王河、中固河、长沟子河、西小河、拉马河、万泉河、长河、左小河、燕飞里排干、付家窝堡排干。左侧汇入的主要支流有招苏台河、清河、柴河、汛河等，是辽河干流洪水的主要来源；右侧汇入的主要支流有秀水河、养息牧河、柳河和绕阳河等，属多泥沙河流，是辽河干流主要泥沙来源。

1.1.2 河道概况

1.1.2.1 干流河道概况

辽河福德店至双台子河口段习惯称作辽河干流，流经铁岭、沈阳、鞍山、盘锦 4 市的昌图、开原、银州区、铁岭县、康平、沈北新区、法库、新民、辽中、台安、盘山、大洼、兴隆台、双台子等县（区），全长 538 km，流域面积 3.79 万 km²。

辽河干流各河段基本情况如下，河道主要特性见表 1-1。

表 1-1　辽河河道主要特性

河段	河长/ km	河宽/ m	弯曲 系数	比降/ ‰	区间面积/ km²	区间支流
河源—西安村	426		1.4	2.5	58 793	西拉木伦河
西安村—福德店	403	1 000	1.69	0.4	88 867	教来河、乌力吉木伦河、东辽河
福德店—清河口	127	30～300	1.57	0.21	17 808	招苏台河、清河、公河、亮子河、王河
清河口—石佛寺	75	45～450	1.69	0.19		柴河、汛河、中固河、长沟子河、拉马河、万泉河
石佛寺—柳河口	100	65～320	1.66	0.19	9 018	秀水河、养息牧河、柳河、西小河、长河、左小河、付家窝堡排干、燕飞里排干
柳河口—卡力马	55	65～350	1.4	0.17	2 440	
卡力马—盘山闸	117	75～320	1.68	0.12	4 941	
盘山闸—河口	64	105～1 369	1.53	0.07	10 438	绕阳河、小柳河、吴家排干、太平总干、清水河排干、潮沟河、接官厅排干
河源—河口	1 367		4.59		192 305	

（1）福德店—清河口段：河道长度 126.9 km，1965 年以前西辽河来水来沙较多，河道偏淤，1965 年后西辽河来沙减少，河道转为偏冲，但河道过流断面仍较 20 世纪 50 年代时小。河道平面形态为弯曲段与顺直段交替，河床中有犬牙交错的边滩，平均河宽 80～140 m，宽深比 2.5～10.9，河床比降 0.22‰～0.24‰，属于蜿蜒型河道。平滩流量 427～624 m³/s，河岸为松散二元结构，不耐冲刷，塌岸严重，河道多摆动，两岸堤距 1 200～

3 000 m。

（2）清河口—石佛寺段：河道长度 75 km，河道两岸多为连绵丘陵，支流发育，左侧的清、柴、汛诸河均在本河段汇入。河道平面形态蜿蜒曲折，边滩交错，平均河宽 200～250 m，河床比降为 0.21‰～0.31‰，平滩流量 624～1 250 m³/s，河道较为稳定。铁岭城市防洪段亦位于本河段内。

（3）石佛寺—柳河口段：河道长度 99.7 km，自石佛寺开始进入平原区，历史上河道平面摆动幅度较大，河道亦多自然裁弯。平均河宽 200～300 m，河床比降在马虎山以上为 0.24‰，以下为 0.16‰，平滩流量为 462～850 m³/s，该段有较大支流（秀水河及养息牧河）在右侧汇入。

（4）柳河口—卡力马河段：河道长度 55.4 km，因受柳河泥沙淤积影响，河床逐年抬高，河槽宽浅，宽深比为 7.54～37.42，具有游荡性河道特性，主槽摆动频繁，平滩流量为 46～496 m³/s，河道不稳定，险工多，险情重。

（5）卡力马—盘山闸河段：河道长度 116.5 km，河宽 90～320 m，平滩流量 406～692 m³/s。受上游泥沙下泄及下游盘山拦河闸蓄水影响，河床逐年淤积抬高，比降变缓为 0.21‰，在六间房以上局部河段已形成地上河。河段内河床横向摆动较小，平面变化不大。

（6）盘山闸—绕阳河口段：河长 64.4 km。河段受双台子河洪水和潮水共同影响，水流流态较为复杂，现状河堤距 1 300～1 800 m，主槽宽 200 m 左右，河床比降为 0.21‰。现状左岸滩地较为开阔，右岸滩地狭窄。其中盘山闸—太平河口为盘锦城市防洪段，盘山闸—盘山桥左岸约 4 km 长滩位于城市的核心区域。

1.1.2.2　支流河概况

辽河各支流河主要特征详见表 1-2。

（1）清河。清河发源于清原县北英额门乡三道沟庙岭，清河是辽河铁岭段中上游的一级支流，干流长 150.4 km，有二道沟河、阿拉河、碾盘河、苔碧河、马仲河、寇河、前马河等 7 个一级支流，中下游的清河水库位于清河干流，是国家大型（Ⅱ）水库，主要是备用水源地、防洪、灌溉和工业供水。

（2）汛河。汛河发源于铁岭县东部海拔 617.2 m 的滚马岭西坡，流经白旗寨、鸡冠山、大甸子、催阵堡、李千户、汛河等 6 个乡镇和铁岭经济开发区，在铁岭县汛河镇药王庙村西注入辽河，较大支流有 17 条。汛河全长 102.0 km，流域面积 1 180.5 km²。在汛河上游建有榛子岭水库，总库容 2.1 亿 m³，设计灌溉 133.0 km²。汛河流域水域功能区划为Ⅲ类水质。在汛河下游修建拦河坝，抬高水位，经人工水渠可将汛河水引入莲花湖湿地。

（3）柳河。柳河是辽河中下游右侧的一条多泥沙支流，发源于内蒙古奈曼旗的双山子，流经内蒙古的库伦旗、科左后旗及辽宁省的阜新、彰武、新民等 6 个旗县，在新民县城南王家窝堡村附近注入辽河。河流全长 297 km，流域面积 5 798 km²。柳河上游有扣河子、铁牛河、养息牧河等 3 条支流。大量的泥沙下泄，使柳河下游河道及辽河干流下游河道造成了严重的淤积，个别河段已成为悬河。流域内最大水利工程是闹得海水库，位于柳河上游的辽宁省彰武县闹得海村，为一调洪滞沙水库。闹得海水库建于 1942 年，设计最大库容 2.227 亿 m³，控制流域面积 4 051 km²，是柳河流域上唯一的已建大型控制性工程。多年来，闹得海水库对消减柳河洪峰和减轻下游泥沙灾害发挥了重要作用。柳河彰武以上的中上游地区，地势西南高、东北低，属低山丘陵区。该区群山环绕，丘陵起伏，地形大致可分为 5 种类型：① 扣河子以南的低山丘陵区；② 扣河子以北至石碑河之间的丘陵沟壑区；③ 石碑河以北，养息牧河以南及闹德海至彰武之间的柳河两岸的漫岗区；④ 养息牧河及闹得海水库以北的佗甸区；⑤ 彰武以下的平原区。柳河流域植被覆盖较差，仅有少量零星的人工林。新中国成立以来，森林覆盖率有所提高，多分布在山麓和河滩一带。该流域天然牧场退化，流动沙丘地带几乎寸草不生。

表 1-2　辽河主要支流特性

支流名称	岸别	河长/km	比降/‰	流域面积/km²	流域均宽/km	各类地形面积比例情况/%			
						山区	丘陵	平原	沙丘
西拉木伦河	左	380	3.33	31 382	82.6	57	27.1	1.5	14.4
教来河	右	482	1.25	18 306	38	9.8	15.3	56.1	18.8
乌力吉木伦河	左	598	2.3	48 071	80.4	19.6	32.6	44.6	3.2
东辽河	左	360	0.72	11 450	31.8	5.1	27.9	67	0
招苏台河	左	212	0.59	4 583	21.6	11	59	30	0
清河	左	171	2.41	4 846	28.3	87	1	12	0
柴河	左	143	3	1 501	10.5	98	0	2	0
汛河	左	108	3.33	1 000	9.26	67	11	22	0
秀水河	右	184	1.1	3 002	16.32	5	25	41	29
养息牧河	右	107	1.56	1 861	17.39	6	21	61	12
柳河	右	253	3.33	5 791	23.64	42	32	12	14
浑河	左	415	1.33	11 481	23.67	63	2	35	0
太子河	左	413	1.23	13 883	33.62	68	6	26	0
绕阳河	右	290	0.3	10 438	35.99	14	29	57	0

1.2 气象水文状况

1.2.1 气象

辽河流域地处温带大陆性季风气候区。冬季严寒漫长，夏季炎热、多雨，春季干燥、多风沙，秋季历时短。

辽河流域内降水的时空分布极不均匀，东部山丘区多年平均降水量为 800～950 mm，西部的西辽河地区仅 300～350 mm。降水多集中在 7—8 月，占全年降水量的 50%以上，易以暴雨的形式出现。降水的年际变化也较大，最大和最小年降水量之比在 3 倍以上，而且有连续数年多水或少水的交替现象。

辽河流域大部分地区多年平均气温 4～9℃，年内温差较大，极端最高温度 35～42.5℃，极端最低温度 −27℃～−41.1℃。年平均相对湿度在 49%～70%。多年平均风速 2～4 m/s，年最大风速出现在春季，为 20～40 m/s。全年日照时数为 2 400～3 000 h。无霜期为 150～180 d。结冰期为 110～130 d，开始于 10 月中旬至 12 月上旬。最早封冻日期为 11 月中旬，最晚封冻日期为 12 月下旬；最早解冻日期为 1 月末至 3 月初，最晚解冻日期为 3 月末 4 月初。

1.2.2　水文

（1）径流。辽河中下游地区径流补给主要来自降水，所以径流在地区分布、年际变化、年内分配上与降水较为一致。

据 1954—2004 年资料统计，辽河径流的丰枯变化较大，辽河干流通江口、铁岭、巨流河 3 座水文站历年天然最大径流量分别为 56.5 亿 m³、94.7 亿 m³、111.2 亿 m³，历年天然最小径流量分别为 2.62 亿 m³、7.07 亿 m³、8.05 亿 m³，年最大径流量与年最小径流量的比值分别达到了 21.6、13.4、13.8。年径流量的年内分配也极不均匀，从多年平均径流量年内分配来看，7 月与 8 月径流量之和基本都占到全年径流总量的 50%以上，各控制站年径流分配情况见表 1-3。

表 1-3　辽河多年平均年径流量年内分配

控制站	各月份径流量占全年比例/%												
	1 月	2 月	3 月	4 月	5 月	6 月	7 月	8 月	9 月	10 月	11 月	12 月	7—8 月
通江口	0.4	0.2	2.1	7.6	4.3	6.9	17.7	32.3	16.4	7.6	3.4	1.1	50
清河	0.6	0.5	3.3	4.5	4.5	9.8	20.1	33.1	13.4	5.6	3.3	1.3	53.2
柴河	0.7	0.6	4.7	5.7	5.2	8.9	20.5	30.2	12.2	5.8	4	1.5	50.7
铁岭	0.6	0.4	2.6	6.3	4	7.6	18.3	33.2	15.5	6.8	3.4	1.3	51.5
榛子河	0.6	0.5	4.1	5.3	4.6	8.3	23.8	32	11.1	5.4	3.1	1.3	55.8
石佛寺	0.6	0.4	2.7	5.6	3.9	7.5	18	33.4	16	6.9	3.6	1.4	51.4
巨流河	0.7	0.5	2.5	5.8	3.9	7.3	16.9	33.4	16.5	7.1	3.8	1.6	50.3

（2）暴雨。辽河流域暴雨主要由台风、高空槽、华北气旋、低压冷锋、冷涡、静止锋、江淮气旋等天气系统造成，多集中在夏季七八月份。一次暴雨历时一般在 3 d 之内，

主要雨量又多集中在 24 h 内。辽河流域雨区笼罩面积较小，一次暴雨 200 mm 雨量等值线最大范围 1.8 万 km²，往往只能笼罩一条主要河流或几条支流。如 1951 年 8 月 13—15 日、1953 年 8 月 18—20 日两场特大暴雨主要影响辽河干流福德店至铁岭区间清河、柴河、汎河等支流及东辽河上游，雨区向西南延伸部分影响到绕阳河地区。

（3）洪水。辽河流域的洪水由暴雨产生，受暴雨特性的制约，洪水有 80%～90% 出现在七八月份，尤以七月下旬至八月中旬为最多。如辽河干流及支流清河、柴河、汎河 1951 年、1953 年洪水。由于暴雨历时短，雨量集中，各主要支流清河、柴河、汎河、柳河等又多流经山区和丘陵区，汇流速度快，故洪水多呈现陡涨陡落的特点，一次洪水过程不超过 7 d，主峰在 3 d 之内。由于暴雨系统有时连续出现，使一些年份的洪水呈现双峰型，双峰历时一般在 13 d 左右，两峰间隔 3～4 d。

西辽河的洪水主要来自老哈河。东辽河洪水多数来自二龙山水库以上山丘区，个别年份来自二龙山至三江口（即东、西辽河会合口）区间。区间洪水与上游洪水多能错峰，上游洪水经河槽调蓄，至下游的洪峰有所减弱。

辽干通江口以上洪水主要由东辽河、西辽河和招苏台河洪水组成，通江口以下洪水则主要来自左侧清河、柴河、汎河等支流。干、支流洪水很难遭遇。

绕阳河洪水虽然主要来源于干流东白城子以上，但绕阳河干流洪水进入郑家闸，经调蓄后，对下游已不起主要作用，郑家闸以下右侧支流有东沙河，其洪水与干流基本不遭遇，绕阳河对下游产生影响的洪水以东沙河来水为主。

1.3 地质状况

1.3.1 地质构造及地形地貌

辽河干流东为长白山地，西为冀热山地和大兴安岭南端。地势自北向南，由东西向中间倾斜，流向自北向南。在铁岭、沈阳一带，其海拔高程约 40～60 m，在营口盘山一带，其海拔高程约 4～7 m，石佛寺坝址处海拔高程约 40 m。

辽河位于华夏系第二巨型沉降带，处于中朝准地台与吉林、黑龙江、内蒙古—大兴安岭褶皱系接壤部位，地势至北向南倾斜。其东为长期缓慢上升的辽东低山丘陵区，西临间隙性掀斜上升隆起区——辽西低山丘陵区，南濒渤海湾。辽河上、中游平原区大部分为堆积地形的冲湖积平原，傍辽河干流区发育冲洪积河谷平原；辽河下游平原区从山前到中间，依次分布着：剥蚀堆积地形的山前坡洪积扇群和山前坡洪积倾斜平原，堆积地形的山前冲积微倾斜平原、河间冲积平原、海冲积三角洲平原。

1.3.2 地层及岩性

辽河干流地势平坦，地貌单元比较单一，均属辽河冲积平原，河道局部蛇曲发育。

（1）辽河上、中游区域。辽河上、中游平原区域第四系不整合于白垩系的砂岩、砂砾岩及泥岩地层之上，分区岩性为：辽河河谷区基本以冲积、冲洪积物为主，表层为薄层的亚砂土或淤泥质亚砂土，下部为中细砂、中砂含砾，厚度在 20～30 m。

其中：①招苏台河、亮子河及清、寇河河谷区以冲积、冲洪积、坡洪积物为主，表层为厚度较为稳定的亚黏土、亚砂土，下部为中细砂、中砂含砾，厚度为 10～40 m；②西部为冲湖积、冲积及风积物，表层的风积物，岩性为细砂粉细砂，下部为亚砂土、中细砂，厚度为 20～50 m。

铁岭县养马堡地层从上至下依次为：粉细砂、淤泥质黏土、中粗砂、砾砂，各地层厚度及特征详见表 1-4。

表 1-4　铁岭县养马堡地层情况

岩土名称	分层厚度/m		特征
	右岸	左岸	
耕土		0.35	黑色、湿、由黏性土和粉细砂组成，含植物根茎，结构松散
粉土		1.2	灰黑色、很湿，含水量大于30%，中密状态，切面无光泽，稍有摇振反应，干强度韧性中等，含少量细砂
粉细砂	1.2	3.45	灰褐色，很湿-饱和，以稍密状态为主，局部松散状态，石英长石质混粒结构，以粉砂为主，颗粒均匀，局部含黏性土
淤泥质黏土	0.8	1.15	黑色，很湿，软塑状态，切面无光泽，干强度韧性低等，无摇振反应，含大量有机质，有臭味
粉砂	0.65		灰褐色，饱和，稍密状态，石英长石质混粒结构，颗粒均匀，局部含黏性土
中粗砂	4.4	3.85	灰褐色，饱和，中密状态，石英长石质混粒结构，颗粒级配一般，亚圆形，磨圆度较好
砾砂	2.95		灰褐色，饱和，中密状态，石英长石质混粒结构，颗粒级配一般，含砾石10%～15%，亚圆形，磨圆度较好

（2）辽河下游区域。辽河下游平原区域位于新华夏系第二巨型沉降带，辽河平原区自进入第四纪以来，持续整体下沉，成为全省第四纪松散堆积物的沉积中心。第四系沉积连续，层序齐全，成因复杂，厚度可观。在巨厚松散堆积物下，有发育较为完整的第三纪地层。

第四系沉积绝大部分地区连续沉积了巨厚的冲积、冲洪积及冲海积物，山前倾斜平原地带发育有洪积物和冰水堆积。表层地层岩性：东部山前倾斜平原区为亚砂土，具孔隙，较为疏松；平原中部为亚砂土和亚黏土，粉砂含量高；西部平原为亚砂土、亚黏土及细砂层；柳、绕阳河谷平原区基本为风积砂及亚砂土。

从东西两侧山地丘陵边缘到中部平原变化规律为：东西两侧的山前倾斜平原基本上是由辽东和辽西山地丘陵区搬运下来的物质，即横向来的物质构成，以洪积、坡洪积、冲积及局部的冰水堆积为主，形成了扇、裙、裾及冲积平原，然后过渡到纵向来的物质，以冲积、冲洪积、冲海积为主的中部平原区。厚度由薄变厚，约为20～150 m。岩相由以卵砾石、砂砾石为主的极粗颗粒相过渡到粗砂含砾、砂砾石、砂并有黏性土隔层，最后变为细砂、中细砂、粉细砂夹黏性土薄层的较细颗粒相。

由东北的中部平原到西南的滨海平原变化规律为：岩性除北部的低丘前缘为洪积的黄土状土积砂砾石透镜体外，一般为以砂砾石为主层过渡到以粗砂、中砂、细砂含砾为主层，最后变至以细砂、细粉砂、粉砂为主层；成因由冲积、冲湖积、冲洪积到冲海积层。地层从上到下由层次简单过渡到层次较多，最后到极不明显。第四系厚度从康法丘陵区的前缘到台安附近，由20 m左右增大到180～200 m，进入滨海平原的田庄台、盘山凹陷区，地层急剧加厚，最后可达到359 m以上。

第三纪地层下第三系的沙河街组为碎屑沉积岩，东营组为砂岩、长石砂岩互层；上第三系馆陶组为厚层状、块状砂砾岩夹薄层砂岩、粉砂岩，明化镇组为巨厚的砂岩、砂砾岩与泥岩、粉砂岩互层。

辽中县满都户桥、毓宝台桥，台安县红庙子桥、大张桥，盘锦盘山闸附近、曙光桥各地层分层厚度及特征详见表1-5、表1-6、表1-7。

表1-5 辽中县满都户桥、新民市毓宝台桥下游地层特性

地层	满都户		毓宝台	
	分层厚度/m	特征	分层厚度/m	特征
耕植土	0.3	灰褐色，含大量植物根须，分布于河道表层，滩地附近分布较少	0.3	灰褐色，含大量植物根须，分布于河流右岸
粉质黏土			2.2	灰褐色，湿，可塑，仅分布于右侧局部
细砂	7.1～9	浅灰色，松散，稍湿，主要由石英、长石等组成		灰色，松散，稍湿，主要由石英、长石等组成
中砂	6～11.4	浅灰色，稍密-中密，湿-稍湿，主要由石英、长石等组成	6.5	灰色，稍密-中密，饱和，松散，夹有少量细砂薄层，主要由石英、长石等组成
中砂				灰色，主要由石英、长石组成，饱和，稍密-中密

表 1-6　台安县红庙子桥、大张桥下游地层特性

地层	红庙子桥		大张桥	
	分层厚度/m	特征	分层厚度/m	特征
黏质粉土	2.3～3.2	稍密,土质不均,分布于左岸岸上,河道滩地附近分布较少	0.5～1.5	主要分布于两岸耕地上,河道滩地附近无
细砂	2.1～7.8	黄褐色,松散,稍湿到饱和、主要由石英、长石等组成	1.2～6	黄褐色,松散,稍湿到饱和、主要由石英、长石等组成,局部夹有黄褐色粉质黏土
粉质黏土	1.6～2.2	黑褐色,硬塑,湿-稍湿,见于河道左岸岸上,河道滩地附近未见	0.8～6	上部为黑褐色,下部为青灰色,局部有黑褐色,可塑-硬塑,饱和
粉质黏土			1.5～4.6	青灰色,硬塑,饱和,局部区域分布
细砂	7.5～15.5	青灰色,中密,饱和,主要由石英、长石等组成	10.4～15.5	青灰色,中密,饱和,主要由石英、长石等组成

表 1-7　盘锦市盘山闸、曙光桥下游地层特性

盘山闸			曙光桥		
地层	分层厚度/m	特征	地层	分层厚度/m	特征
淤泥质粉质黏土夹粉砂	2.5	黑灰色,软,局部夹粉土薄层	黏土夹粉质黏土	2.5～3.5	黑灰色,软-中等,局部夹粉土薄层
粉砂夹粉质黏土	6～7.5	局部夹粉土薄层,松散,局部中密	粉砂夹粉土	5.5～6	灰色,局部夹粉质黏土薄层,松散,局部中密
粉细砂	6.5(最大揭露厚度)	灰白色,中密,主要组成为石英、长石等	粉细砂	7(最大揭露厚度)	灰白色,中密,主要组成为石英、长石等

1.3.3　水文地质条件

自第四纪以来处于持续下沉状态的辽河平原区,沉积了厚度可观的第四系松散堆积物,构成了区域面积最大、分布最广的孔隙水含水岩组;在第四系松散堆积物下发育的第三纪地层,由于成岩较晚,岩层相对疏松,胶结程度较差,发育有裂隙、孔隙,裂隙孔隙水分布其中。

地下水的补给来源因地下水的类型不同而有一定的差别,山丘区裂隙水主要补给来源为大气降水;平原区及河谷平原区松散岩类孔隙水的补给来源除大气降水外,还有农田灌溉入渗及山前侧向补给等,特别是城镇集中地下水源区,由于地下水的集中规模性开采,导致地下水水位低于河水位,大量的地表水入渗补给地下水,人为地增大了河道入渗补给量。

地下水的径流条件取决于地貌条件及含水层的特性。山丘区由于地形陡峭，地下水水力坡度大，径流条件良好，地下水通过裂隙、孔隙以径流形式排泄到河谷或平原。平原区地形平坦，其径流条件没有山丘区好。辽河中上游河谷平原区及下辽河平原的两侧山前地带，地势比下辽河中部平原区地形坡度大，且含水层颗粒较粗，故径流条件较好，而下辽河中部平原区地下水水力坡度较缓，且含水层颗粒较细，地下水径流处于相对滞缓状态。

山丘区地下水主要以河川基流的形式排泄，成为地表径流的一部分，此外，尚有部分地下水开采及河谷平原的潜水蒸发、山区与平原交界地带的山前侧向流出等。平原区地下水的主要排泄方式为人工开采，占排泄量的大部分，其次为潜水蒸发，以及沿河地带的河道排泄和沿海地带的侧向流出排泄。

1.4 经济、社会状况

辽河干流地区资源丰富、人口密集、城市集中、工业发达、交通方便，是我国重要的工业、装备制造业、能源和商品粮基地，在东北乃至全国的经济建设中都占有极为重要的地位。

辽河保护区自北向南跨越辽宁省铁岭市、沈阳市、鞍山市和盘锦市 4 个行政市，14 个县（区），68 乡（镇、场），共涉及 288 个行政村。其中，沈阳市共有 5 个行政县（区），34 个行政乡（镇），143 个行政村；铁岭共有 4 个行政县区，16 个行政乡（镇），72 个行政村；鞍山共有 1 个行政县，6 个行政乡（镇），30 个行政村；盘锦共有 4 个行政县（区），12 个行政乡，43 个行政村。

1.4.1 经济概况

辽河干流流经的铁岭等 4 市中，铁岭市的农业比重较大，粮食单位面积产量最高，但农民的人均收入却相对较少，而靠近铁岭市银州区的农民收入相对较高。沈阳地区农民经济状况要略好于铁岭，其主要特点与铁岭相似，即越靠近城市区，农民收益越高。鞍山地区单位面积产量低于铁岭和沈阳地区，但农民全年纯收入均高于铁岭市和沈阳市。盘锦市区的农业种植业主要以水稻为主，单位面积产量要明显高于铁岭、沈阳和鞍山 3 个地区，加上芦苇等副业的收入，盘锦市农民全年纯收入 9 826.6 元。

辽河干流流经的行政村农民人均纯收入情况调查汇总如表 1-8。

调查表明，辽河干流流经村的农民人均纯收入要低于统计资料中的各县农民总体人均纯收入，说明辽河干流流经村农民的物质生活要略逊于各县平均水平，仅以传统农业为基础的经济还需要重新调整和改善。

表 1-8　辽河干流流经行政村的人口数及人均纯收入

辽河干流流经市	辽河干流流经县区	村人口/人		农民人均纯收入/（元/a）
		县内流经村人口	合计	
铁岭市	昌图县	35 197	137 681	4 000
	开原市	21 252		6 121
	铁岭县	74 837		4 753
	银州区	6 395		5 000
沈阳市	法库县	22 900	205 398	7 000
	沈北新区	2 240		8 000
	康平县	25 304		3 800
	辽中县	58 585		8 800
	新民	96 369		7 800
鞍山市	台安县	53 671	53 671	9 328.7
盘锦市	盘山县	41 485	134 038	7 355.1
	大洼县	6 442		9 826.6
	兴隆台区	14 119		8 432
	双台子区	71 992		8 188

1.4.2 人口数量

在辽河保护区涉及范围内以村为统计单元，初步调查辽河干流涉及村共有人口约 29.8 万人。其中，流经铁岭的人口为 10.2 万人；流经沈阳地区的人口有 11.8 万人；流经鞍山地区的人口为 4.3 万人；流经盘锦地区的人口有 3.5 万人。所在地区民族有汉族、朝鲜族和满族等。其中以汉族为主，占到总人口的 98%。保护区内人口数量较少，并且基本分布在堤坝外侧。

1.5 交通、通信状况

辽河干流两侧基本修建了辽河大堤，上可通车；大堤外侧皆有县级以上公路连通，交通和通信条件总体较好，可为保护区建设和管理提供基本的交通条件。辽河干流毗邻各村均开通了有线电话，并可接收到移动、联通通信信号，与外界通信较为方便。

1.6 土地利用现状和结构

辽河保护区总面积为 1 869.2 km²。其中，与国家级自然保护区双台子河口自然保护区重叠面积 829.2 km²。

辽河干流河道内主要土地利用类型为：农田及蔬菜大棚、河流水体、牛轭湖、自然湿地、水利设施、居民点、河流水体。其中，面积比例最大的土地利用类型为农田（水田、旱田、菜地），面积为 639.4 km²，比例约为 41.22%，居民点面积相对较小，比例在0.84%。自然植被湿地比例为 22.42%。保护区内的河流水体和滩地面积约占保护区面积的 28.70%。

第 2 章 区域生态环境质量现状评价

2.1 辽河保护区生态环境质量现状

2.1.1 水生生物

根据 2009 年调查结果，辽河干流共有鱼 20 类 397 尾，计 9 种，分属于鲤科、银鱼科、鮠科和鲶科。群落中 75% 以上为鲤科鱼类。鱼类在水层中的分布有上层（银鱼）、中上层（彩鳑鲏等）、中下层（鲫鱼等）和底层（黄颡、怀头鲶）4 种情况，以中下层鱼类居多，上层及底层鱼类较少。营养结构有杂食性（鲫鱼等）、植食性（鳑鲏）以及肉食性（鲶鱼等）3 种类型，以杂食性鱼类居多。优势种为鲫鱼，彩鳑鲏、餐条是亚优势种；具有经济价值的怀头鲶、有明银鱼、黄颡为珍稀种。

辽河干流鱼类以环境耐受性强的小型鱼类鲫鱼和小野杂鱼餐条、彩鳑鲏为主，鱼类食性主要为杂食性，缺乏大型经济肉食性鱼类，反映出辽河干流已基本失去渔业价值。不过铁岭地区干流仍有一定数量的经济鱼类怀头鲶分布，值得关注和保护。有关辽河鱼类发表的历史资料很少，依据 1979—1984 年的黑龙江水系渔业资源调查以及解玉浩 1981 年发表的辽河鱼类区系文章，辽河流域渔业资源历史数据与本次调查数据对比如表 2-1 所示[1-3]。

表 2-1　本次调查的鱼类数据与历史资料比较

	1979—1984 年调查	1981 年调查	2009 年调查（全流域河流）
鱼类种数	99 种	96 种	26 种
科数	23 科	23 科	8 科
鲤科鱼	55 种（55.6%）	53 种（55.2%）	14 种（53.8%）
鳅科鱼	7 种（7%）	8 种（8.3%）	4 种（15.3）
鮠科鱼	4 种（4%）	4 种（4.2%）	1 种（3.8%）
其余科	33 种（33.4%）	31 种（32.3%）	7 种（26.9%）
典型淡水鱼	87 种	83 种	24 种
溯河性鱼类	8 种	8 种	1 种
咸淡水鱼类	4 种	4 种	1 种
近海鱼类	1 种	1 种	0 种

2009 年调查与历史调查时隔近 30 年。主要变化体现在鱼类种类和数量的急剧减少。特别是以前一些常见经济种类如沙塘鳢、黄颡鱼、怀头鲇等已濒临绝迹，仅个别区域可见踪迹，需要特别关注。

辽河干流 2009 年共采集到大型底栖动物 7 500 余头，隶属于 3 门 4 纲 10 目，24 科，40 种。水生昆虫主要为双翅目的摇蚊幼虫以及毛翅目、蜉蝣目和鞘翅目的幼虫。其中摇蚊幼虫和毛翅目的纹石蚕为优势种。寡毛类主要为水丝蚓。软体动物主要有腹足纲的椎实螺科，扁卷螺科以及真瓣鳃目的无齿蚌亚科和截蛏科，其分布较少。

与历史数据相比，底栖动物的种类数大为减少，可能是调查的水域没有涉及山区高海拔地区，该类地区受人为干扰较少，水质较好，水生昆虫的种类数较多。但是不排除由于水质污染造成的物种减少、种类单一的情况。就辽河干流的分析结果看，有的站位摇蚊幼虫的数量比例达到 96%。本次底栖动物多样性调查结果各站位普遍低于张远等于 2007 年发表的结果[4]。

通过 2009 年 8 月对辽河干流 6 个站点水生生物的调查分析可以看出，辽河干流总体处于中度污染状态，鱼类种类组成丰富度低，营养结构单一，多为小型耐污种类[5]。仅铁岭辖区干流鱼类种类和数量相对较多，且发现有少量经济肉食性鱼类分布。该站点底栖动物以轻度污染指示种纹石蚕科种类为主，底栖动物生物量较多，是值得关注的区域。辽河底栖动物群落以中污染水体指示种为主。随着人口密度的持续增加，以前较多为自然生态环境下的水域逐渐变成人类生活的区域，致使这类水域受到严重的人为干扰，表现在生境遭到严重破坏，山地林地大规模退化，工农业规模不合理地扩大，生活和工业污水未经处理便排放入河流等，致使水生生物资源丰富、种类繁多的河流逐渐地变为种类单一、少数类群或物种成为绝对优势种的水域。与 20 世纪七八十年代的鱼类调查结果相比较，辽河鱼类的种类数以及数量急剧减少，约为原来种数的 1/3，且大部分水域鱼类组成单一，优势种数量可占到群落生物量的 80% 以上。底栖动物也同样表现出种类单一的特点。另外，对生境条件要求较高的珍稀鱼类如沙塘鳢在该水域并未采集到，而同样为清洁水体指示物种的襀翅目水生昆虫也未出现在该水域。总体来看，辽河水体生态系统结构已遭到损害，较为脆弱，急需实施水体的健康管理。

2.1.2 湿地资源状况

辽河保护区湿地的全部土地和自然资源属国有资产，湿地自然保护区成立之前全部归各市林业局管辖，湿地内所有土地全部换发了林权证，湿地保护区四周边界清楚，无土地使用权纠纷。

辽河保护区湿地涵盖了由河流、湖泊、草甸、荒漠、水域或高山等一起构筑而成的复杂多样的生态类型，其生态类型可划分为荒漠绿洲生态系统、荒漠生态系统、绿洲农田生态系统、沙漠边缘生态系统、湿地生态系统、前山退化草原生态系统等。湿地生态系统又可细分为淡水草本沼泽生态系统、湖泊生态系统、淡水木本沼泽生态系统和河漫滩湿地生态系统。其地理位置独特，地貌类型复杂，自然景观完整，生态系统多样。保护区内湿地面积占总体面积的 1/3 左右，面积比例较大，且湿地类型种类丰富。其中包括：浅水体湿地，苔草、小叶章湿地，深水体湿地，蒲草沼泽湿地，眼子菜湿地，芦苇湿地，翅碱蓬（滩涂）湿地，柳-灌丛沼泽和河流湿地。但湿地受损和退化严重，湿地植被遭受破坏明显。由于人类活动，尤其是农业活动的不断开展，湿地的面积和破碎化程度加剧。这在一定程度上阻碍了湿地生态系统功能的发挥，为湿地植被和生态功能的恢复增加了障碍。

根据松辽委提供的辽宁省湿地卫星遥感解译数据，20 世纪 50 年代全省湿地总面积 939.53 km²，其中沿黄渤海东部诸河湿地面积 104.38 km²，占 50 年代湿地总面积的 11.11%；沿渤海西部诸河湿地面积 73.39 km²，占 50 年代湿地总面积的 7.81%；浑太河流域湿地面积 252.46 km²，占 50 年代湿地总面积的 26.87%；辽河干流湿地面积 509.30 km²，占 50 年代湿地总面积的 54.21%。

2.1.2.1　湿地资源特征

伴随着辽河干流河道，保护区内湿地存在着如下特点：

（1）湿地类型丰富。自然保护区内湿地类型复杂、丰富。自然湿地包括库塘，河，芦苇、蒲草、小叶章等各类沉水、浮水植物湿地，滩涂湿地和河流库塘等水体湿地。

（2）湿地面积较大。保护区内湿地面积占总体面积的 1/3 左右，面积比例较大。较大的面积保证了河流生态系统的稳定，维持了湿地生态系统的功能。同时，湿地类型中，自然湿地面积占湿地总面积的一半以上，保证了生态系统功能的发挥。

（3）湿地受威胁严重。尽管保护区内湿地面积较大，且湿地类型种类丰富，但受人为修饰和干扰严重，湿地植被遭受破坏明显。由于人类活动，尤其是农业活动的不断开展，湿地的面积和破碎化程度加剧。这在一定程度上削弱了湿地生态系统功能的发挥，为湿地植被和生态功能的恢复增加了障碍。

2.1.2.2　辽河保护区湿地状况变化

（1）湿地面积的变化。由于水资源缺乏，众多支流常年干枯；由于农业综合开发，使天然湿地变成人工湿地；加上石油开采、码头兴建，都使湿地面积资源萎缩。以辽河口为例，湿地面积的变化主要是由于区域开发造成的，特别是 20 世纪 80 年代开发规模越来越大，原有湿地面貌发生很大变化，表现出自然湿地面积逐渐减少，人工湿地面积逐渐增加的趋势。1986 年辽河口区水田面积为 6.56 万 hm²，1990 年增至 7.70 万 hm²，1995 年下降为 7.59 万 hm²（主要为石油开发占用），2000 年增至 9.22 万 hm²（水田开发占用自然湿地，主要是苇田、沼泽）。海水养殖面积逐渐增加，1986 年为 1.09 万 hm²，1995

年为 2.39 万 hm²，2000 年为 3.27 万 hm²。淡水养殖面积由 1986 年的 0.63 万 hm² 增加到 1995 年的 1.90 万 hm²，2000 年增加到 2.08 万 hm²。"八五"期间石油开发占用自然湿地面积 3.19 万 hm²。1977—1986 年，农田、村庄、道路及油井占湿地面积比例由 4.1% 增加到 8.4%，自然湿地面积以每年 0.43% 的速度减少。区域综合开发使自然湿地面积减少了 3.79 万 hm²。

（2）生物资源的变化。随着湿地面积的变化，湿地生态结构和功能也在不同程度地减退，纳洪、蓄水功能削弱。

以辽河口为例，河刀鱼、梭鱼、面条鱼以及河蟹和对虾曾是河口渔业的主要生产品种。双台子河 20 世纪 50 年代的鱼产量为每年 400～2 000 t，平均 870 t，此后由于河闸的相继建成使用，使河道淤塞，水质污染，河口渔业生产受到严重影响。如河刀鱼原来年产 50 万～100 万 kg，因系逆河性鱼类，河闸建成后资源随即衰减，河刀鱼的专业生产近年已经消失。

河蟹是本区特有的水产资源，20 世纪五六十年代资源十分丰富，1965 年前河蟹年产量为 500～700 t，1978 年后产量急剧下降，最低时年产已不足 100 t；1984 年后由于开展了人工增养及人工育苗，年产量才开始回升到 300～600 t 的水平。至于河蟹苗的历年产量多在几亿到几十亿尾，1986 年后蟹苗年捕量已下降到不足 0.1 亿尾，濒临资源绝迹的危境。农业和石油开发对在河口区域停歇的各种动物产生巨大影响，如湿地鸟类，1985 年以前，在鸟类迁徙季节常见到 3 000～5 000 只燕鸭类种群，1990 年调查见到的最大燕鸭种群只有 300～500 只。

可喜的是，近几年经过强化治理和整顿工作，保护区内生态环境得到了有效的保护，保护对象的种群数量明显增加。如丹顶鹤的数量已由 1991 年的 300 只，增加到 1999 年的 540 只；黑嘴鸥的数量也由 1991 年的 1 200 只，增加到 1999 年的 2 700 余只。

再以辽河口湿地为例，随着油田和农业开发强度的不断加大，原有芦苇湿地生态景观已经发生了很大变化，各种道路等人工设施的修建，造成了芦苇湿地的破碎化、岛屿化；为御咸蓄淡，各潮沟设闸拦水，切断了潮水的供给，使苇田沼泽退化严重，部分地区沼泽生态系统退化为沼泽草甸湿地生态系统，仅比较生产能力，两者在物质产量上就相差 2.4～8 倍。在水资源不足、石油污染严重的区域，每亩芦苇产量有所降低。长期以来，由于在河流上和潮沟上修建河闸及拦潮闸，阻断了动物洄游路径，减少了上游淡水供应量，造成了水土盐分变化，加之水环境污染，使沿河或沿潮沟上溯洄游的动物数量大量减少，中华绒螯蟹、天津厚蟹、凤尾鱼等生物的野生动物种群已经达到濒危的程度；因捕捞和环境污染，也导致动物数量减少。以上种种问题都是由于人类活动加剧了对生态环境产生的影响。

2.1.2.3　辽河湿地退化要素分析

辽河干流保护区内湿地类型复杂、丰富，湿地面积占总体面积的 1/3 左右。较大的湿地面积保证了河流生态系统的稳定，维持了湿地生态系统的功能。然而受人为修饰和干扰严重，干流湿地遭受破坏明显。辽河干流生态系统主要存在以下问题[6]：

（1）水质污染加剧，生态系统结构和功能破坏。辽河流域是我国重要的经济区，辽河平原是辽河流域人口密集、社会和经济发达区，也是我国水污染最严重的区域之一。辽河流域水环境污染严重，污染持续，历史长久。水质监测数据表明，辽河干流 80% 的断面水质劣于国家地表水 V 类标准。辽河上游地区地质抗蚀力弱，土壤水蚀风蚀严重，造成水土流失，是全国少数高输沙量河流。辽河 COD 持续多年超国家地表水 V 类水质标准，COD 与含沙量/悬浮物显著相关。本次规划的辽河干流即辽河辽宁省段，从上游至下游分为铁岭段、沈阳段和盘锦段等 3 个河段。

辽河铁岭段长 143.5 km，水质为劣 V 类，主要污染物是 COD 和氨氮。COD 含量为 60.2～144 mg/L，且在时间上呈加重趋势，氨氮浓度在 2002 年以后开始超 V 类；辽河沈阳段长 223.5 km，COD 含量为 37.7～63.4 mg/L，从 2001 年开始，COD 含量超过 V 类水质标准，且呈升高趋势；氨氮浓度变化波动较大，某些时段有超 V 类情况出现；辽河盘锦段长 156 km，水质与上游铁岭段、沈阳段的污染程度和变化趋势基本一致。自 1994 年以来，COD 在多数年份超 V 类水质标准；氨氮含量在 4.60～5.87 mg/L。

综上分析可以看出，辽河干流水污染态势严峻，且呈现逐年加重趋势，各类污染物污染水体造成的后果可以概括为以下 3 个方面：使水体缺氧（有机污染）和富营养化、使水体具有生物毒性、水体生态系统结构和功能破坏严重。

（2）水资源缺乏，生态需水保障困难。辽河流域处于半干旱半湿润地区。总体情况是西辽河偏干旱，处于干旱半干旱过渡形态。辽河干流以西独流入海河流偏旱，以东河流偏湿润。辽河干流处于过渡形态，整个辽河流域处于半干旱半湿润地带。据初步调查，2001 年河道断流长度为：东辽河 65 km、西辽河 100 km、辽河干流 30 km，总计达 195 km。超采地下水形成地下水漏斗区面积约 1 101.5 km，地下水位最大降深达 13 m。初步估计，已经沙化或有沙化危险的土地有 31 416 km^2，其中沙化耕地约 65.4 万 km^2。

事实上，自西辽河至辽河干流，由于水资源大规模开发利用，地下水超采，已形成东北地区最为严重的超采区。同时，河道断流问题日趋严重，与相邻的海河流域有诸多相似之处。总之，辽河水资源开发强度大，面临地下水超采、平原河流断流、河口萎缩等一系列生态问题，大范围河道断流与地下水水位下降构成了辽河流域最为严峻的生态用水问题。

（3）河流岸滩农田化，河流空间急剧压缩。随着区域社会经济的高速发展，河岸生态系统被大量开垦，成为人工农业生态系统或人工林生态系统，植物物种为单一经济作物所取代。另有部分河段由于采砂等人类活动的扰动，造成河床或滩地植被破坏，覆盖率降低，水土流失加重，土壤逐步沙化。近年来，辽河中下游地区的土地利用发生了剧烈变化，突出表现在辽河中下游大面积的农田开发、水利设施建设等。此外，由于岸滩湿地被开垦为农田，在耕作过程中大量的化肥和农药投入，使得流域面源污染逐年递增，加剧了辽河干流水质污染。

（4）闸坝建设对辽河干流连续性的影响。辽河干流现有唯一一座石佛寺水库，主要闸坝为盘山闸。由于闸坝的建设，辽河干流的连续性被破坏，特别是盘山闸所处入海河口区，生物洄游通道不畅，鱼类品种单一化；而河流自身结构被分割，抬高河流水位，蓄水形成静止水面，失去水土之间的联系，使得水生植物失去生存的根本，浮游藻类占据生态系统的主导地位，也导致建闸河段发育特征发生改变，将促使其水生生态系统向着"湖库"的方向发育。

2.2 干流水环境质量现状评价

水质评价项目主要包括溶解氧、高锰酸盐指数、COD、BOD、氨氮、总磷、挥发酚和石油类，共 8 项[7]。水质评价标准参照国家地表水 V 类水质标准。

按照辽河保护区干流流经的城市，将其划分为辽河铁岭段、辽河沈阳段和辽河盘锦段 3 个单元，具体分区如表 2-2 所示。

表 2-2　辽河保护区干流分区

控制单元	区县名称	控制断面
辽河铁岭段控制单元	铁岭市：铁岭市区（清河区、银州区）、调兵山市、昌图县、开原市、铁岭县、西丰县； 沈阳市：康平县、法库县（拉马河部分）	马家铺
		东辽河大桥
		张家桥
		后义河
		福德店
		老山头
		通江口
		三合屯
		清辽
		夏堡
		宋荒地
		东大桥
		黄河子
		拉马桥
		朱尔山

控制单元	区县名称	控制断面
辽河沈阳段控制单元	沈阳市：新民市、辽中县（部分）、法库县（秀水河部分）、沈北新区（部分）； 阜新市：彰武县	马虎山
		秀水河桥
		友谊桥
		八间桥
		旧门桥
		柳河桥
		红庙子
辽河盘锦段控制单元	盘锦市：盘锦市区（双台子区、兴隆台区）、盘山县、大洼县（部分）； 鞍山市：台安县； 锦州市：黑山县、北镇市	盘锦兴安
		闸北桥
		辽化排污口
		兴跃桥
		曙光大桥
		新生桥
		胜利塘
		清水桥
		赵圈河

2.2.1　干流水环境质量现状

2008 年，辽河干流沿程 8 个干流监测断面中 7 个为劣 V 类水质，氨氮、BOD、COD、高锰酸盐指数 4 项指标超标 0.1～2.2 倍[8]。其中辽河铁岭段污染最重，盘锦段次之，沈阳段最轻；且出市水质好于入市水质。干流枯水期属中度污染，COD、氨氮等 4 项指标超标，其中 COD 高达 117 mg/L，超标 1.9 倍。丰水期、平水期水质相对较好，均为 IV 类水质[9]。

2009 年，除 COD 污染明显减轻外，BOD、氨氮、高锰酸盐指数等依然超标，干流各断面年均值均符合 V 类标准。2009 年枯水期水质为近 3 年来最好，首次各断面枯水期均值符合 V 类水质标准，辽河治理取得重大进展，按国家对辽河考核的 COD 标准，辽河干流已消灭劣 V 类水质，提前一年完成国家辽河治理的"十一五"规划目标[10]。水质的不断改善体现了近年来辽河治理的力度与成效，这在一定程度上为辽河干流水生态系统的恢复提供了保障。

2010 年辽河流域干流 COD 污染进一步减轻，各断面年均值持续符合 V 类标准[11]。2010 年辽河断面超标因子及超标倍数如表 2-3 所示。辽河三合屯断面为省控断面，也是辽河铁岭段入境断面，主要接纳招苏台河及东、西辽河来水，该断面水环境功能区目标为 IV 类，水功能区目标为 III 类，2010 年各水期 COD 为 V 类，达标率为 16.7%，枯、平、丰 3 期分别超标 0.94 倍、0.21 倍和 0.52 倍；氨氮枯水期超标 15.5 倍，浓度为 16.54 mg/L，平、丰水期氨氮为 III 类，因此对该断面各水期 COD、枯水期氨氮的污染控制亟待加强[12]。

辽河珠尔山为辽河铁岭段出境断面，水环境功能区目标为Ⅳ类，水功能区目标为Ⅲ类，2010年枯水期COD为Ⅳ类，丰、平水期为Ⅲ类，氨氮枯水期浓度为3.85 mg/L，丰、平水期为Ⅲ类，因此对该断面枯水期氨氮与COD的污染控制亟待加强[13]。

辽河马虎山断面，该断面水功能区划、水环境功能区划目标水质均为Ⅲ类[14]。2010年断面枯、平水期为劣Ⅴ类，丰水期为Ⅳ类。2010年枯水期COD超标0.15倍，平、丰水期达标，达标率为81.8%（4月、5月超标），4月COD浓度最大，为58 mg/L；氨氮枯水期超标2.37倍，平、丰水期达标，达标率为54.5%，1月氨氮浓度最大，为4.42 mg/L；该断面石油类超标严重，枯、平水期分别超标2.6和8.48倍。可见石油类和枯水期的氨氮是该断面的主要污染因子。

辽河红庙子断面，该断面水功能区划目标水质为Ⅲ类，水环境功能区划目标水质为Ⅴ类[15]。2010年枯、平、丰3水期水质超标，均为劣Ⅴ类。污染因子为高锰酸盐指数、BOD、COD、氨氮、石油类和总磷。2010年断面COD丰水期达标，枯、平水期超标，分别超标0.17和0.1倍，达标率为66.7%；5月COD浓度最大，为56 mg/L；氨氮枯水期超标2.67倍，平、丰水期达标，达标率为58.3%，3月氨氮浓度最大，为4.95 mg/L；该断面石油类超标严重，枯、平、丰三水期分别超标0.56倍、1.68倍和1.5倍。

表2-3　2010年辽河断面超标因子及超标倍数

断面名称	目标水质	水期	现状水质	高锰酸盐指数	COD	BOD	氨氮	总磷	挥发酚	石油类
三合屯	Ⅲ	枯	Ⅳ	0.36	0.94	0.35	15.5	4.32	0.84	0.52
		平	Ⅳ		0.21			0.44	1.80	0.08
		丰	Ⅲ		0.52	0.58		0.59	2.07	0.07
朱尔山	Ⅲ	枯	Ⅴ	0.21	0.11		2.85	0.45	0.2	1.64
		平	Ⅴ					0.29	0.68	0.04
		丰	Ⅴ					0.40	0.8	0.2
马虎山	Ⅲ	枯	劣Ⅴ	0.24	0.15	0.88	2.37	0.61		2.60
		平	劣Ⅴ			0.10				8.48
		丰	Ⅳ	0.37				0.45		
红庙子	Ⅲ	枯	劣Ⅴ	0.44	0.17	1.19	2.67	0.74		0.56
		平	劣Ⅴ			0.10	0.90	0.01		1.68
		丰	劣Ⅴ	0.22						1.50

2.2.2 水污染物排放总体状况

2009年，辽河保护区干流废水排放量为2.14亿t，其中工业废水排放量占22.8%，城镇生活废水排放量占77.2%；COD排放量为21.84万t，其中工业COD排放量占6.6%，城镇生活COD排放量占29.0%，农业面源COD排放量占64.4%；氨氮排放量为1.2万t，其中工业氨氮排放量占 3.7%，城镇生活氨氮排放量占 71.3%，农业面源氨氮排放量占 25.1%。三大控制区中，辽河铁岭段控制单元废水、COD 和氨氮排放量分别占辽河保护区干流的 41.3%、53.0%和42.1%，辽河盘锦段控制单元废水排放量占辽河保护区干流的 51.3%[16-17]。详见表 2-4。

表 2-4　辽河保护区干流排污状况

控制单元	废水排放量/（万 t/a）			COD 排放量/（t/a）				氨氮排放量/（t/a）			
	工业	生活	合计	工业	生活	农业	合计	工业	生活	农业	合计
辽河铁岭段	1 948.4	6 106.3	8 054.7	5 906.8	22 760.6	87 110.8	115 778.2	243.3	3 173.6	1 618	5 034.9
辽河沈阳段	102.8	4 850.7	4 953.5	1 057.7	21 437.1	20 053.2	42 548	26.2	2 909.3	642.8	3 578.3
辽河盘锦段	2 819.6	5 555.5	8 375.1	7 346.6	19 154.8	33 617.6	60 119	166.8	2 437	733.5	3 337.3
合计	4 870.8	16 512.5	21 383.3	14 311.1	63 352.5	140 781.6	218 445.2	436.3	8 519.9	2 994.3	11 950.5

2.2.3 工业行业排污构成分析

2009 年，辽河干流区域主要排污行业为石油加工、炼焦及核燃料加工业、造纸及纸制品业、黑色金属冶炼及压延加工业、化学原料及化学制品制造业[18]。其中：

（1）石油加工、炼焦及核燃料加工业废水排放量占区域工业排放量的 13.9%，COD、氨氮分别占区域工业排放量的 3.6%、8.0%。

（2）造纸及纸制品业废水排放量占区域工业排放量的 13.0%，COD、氨氮分别占区域工业排放量的 40.0%、11.6%。

（3）黑色金属冶炼及压延加工业废水排放量占区域工业排放量的 12.8%，COD、氨氮分别占区域工业排放量的 2.5%、10%。

（4）化学原料及化学制品制造业废水排放量占区域工业排放量的 6.7%，COD、氨氮分别占区域工业排放量的 3.8%、17.4%。

各项污染指标的重点排污行业详见表 2-5。

表 2-5　区域重点排污行业

污染指标	主要行业	所占比例/%
废水	石油加工、炼焦及核燃料加工业，造纸及纸制品业，黑色金属冶炼及压延加工业，化学原料及化学制品制造业	46.3
COD	造纸及纸制品业，饮料制造业，农副食品加工业，医药制造业	66.9
氨氮	化学原料及化学制品制造业，农副食品加工业，造纸及纸制品业，黑色金属冶炼及压延加工业	56.2

2.3 支流河水质现状评价

支流水质的主要污染因子为 COD 和氨氮。由于农业面源、生活源及工业源对支流水质存在影响，故支流水质中 COD 与氨氮浓度严重超标。枯水期支流水质较差，通常为劣 V 类，污染较重；丰水期支流水量增加，水质在 V 类与劣 V 类之间[19]。

2010 年仍然有左小河等 9 条支流未实现达标排放。辽河属季节性河流，河道径流量对水质影响差异较大，枯水期属重度污染，COD、氨氮等 4 项指标超标，丰水期、平水期水质相对较好，为 IV 类以上水质，水环境质量超 V 类问题尚未得到稳定解决。具体断面水质如表 2-6 所示。

表 2-6　2010 年断面水质状况

控制单元	水体	水质断面	水质类别 （21 项指标）	水质状况	超标指标（倍数）
辽河铁岭段控制单元	西辽河	马家铺	IV	轻度污染	石油类（3.6）； 高锰酸盐指数（0.1）
	东辽河	东辽河大桥	V	中度污染	挥发酚（2.9）； 石油类（5.4）； 氨氮（0.1）
	招苏台河	张家桥	劣 V	重度污染	氨氮（3.4）； BOD（1.6）； 石油类（4.5）
	条子河	后义河	劣 V	重度污染	氨氮（22.8）； COD（1.4）； BOD（0.9）
	辽河	福德店	劣 V	重度污染	氨氮（1.1）； 挥发酚（1.1）； COD（0.1）
	八家子河	老山头	劣 V	重度污染	总磷（2.6）； 高锰酸盐指数（1.1）； BOD（1.0）
	招苏台河	通江口	劣 V	重度污染	氨氮（9.6）； 总磷（2.4）； 挥发酚（7.1）
	辽河	三合屯	劣 V	重度污染	氨氮（6.3）； 总磷（2.1）； 挥发酚（1.4）
	清河	清辽	V	中度污染	挥发酚（1.0）； 氨氮（0.7）； 石油类（0.5）

控制单元	水体	水质断面	水质类别 （21项指标）	水质 状况	超标指标（倍数）
辽河铁岭段 控制单元	王河	夏堡	IV	轻度污染	COD（0.4）； 挥发酚（0.2）； 石油类（0.2）
	长沟河	宋荒地	劣V	重度污染	氨氮（2.3）； 总磷（2.1）； COD（0.4）
	柴河	东大桥	IV	轻度污染	石油类（0.4）； 总磷（0.2）
	汛河	黄河子	IV	轻度污染	石油类（0.8）； 氨氮（0.1）； 总磷（0.1）
	拉马河	拉马桥	IV	轻度污染	高锰酸盐指数（0.1）
	辽河	朱尔山	V	中度污染	氨氮（0.9）； 石油类（0.7）； 挥发酚（0.5）
辽河沈阳段 控制单元	辽河	马虎山	V	中度污染	氨氮（0.5）； 石油类（4.8）； BOD（0.3）
	秀水河	秀水河桥	—	—	—
	长河	友谊桥	劣V	重度污染	氨氮（1.7）； 石油类（0.9）； BOD（0.2）
	左小河	八间桥	劣V	重度污染	氨氮（10.5）； 挥发酚（2.0）； BOD（1.5）
	养息牧河	旧门桥	劣V	重度污染	氨氮（2.1）； BOD（1.0）； 高锰酸盐指数（0.8）
	柳河	柳河桥	V	中度污染	高锰酸盐指数（0.9）； BOD（0.9）； 石油类（1.7）
	辽河	红庙子	V	中度污染	氨氮（0.8）； BOD（0.8）； 石油类（1.2）
辽河盘锦段 控制单元	辽河	盘锦兴安	劣V	重度污染	氨氮（1.4）； BOD（0.9）； 石油类（4.9）
	小柳河	闸北桥	劣V	重度污染	氨氮（1.3）； 高锰酸盐指数（0.7）； BOD（0.7）

控制单元	水体	水质断面	水质类别 （21项指标）	水质 状况	超标指标（倍数）
辽河盘锦段 控制单元	一统河	辽化排污口	劣Ⅴ	重度污染	氨氮（5.9）； BOD（2.1）； 高锰酸盐指数（1.7）
	螃蟹沟	兴跃桥	劣Ⅴ	重度污染	氨氮（4.6）； 高锰酸盐指数（2.0）； BOD（1.7）
	辽河	曙光大桥	劣Ⅴ	重度污染	氨氮（1.9）； BOD（0.8）； COD（0.6）
	太平河	新生桥	劣Ⅴ	重度污染	BOD（1.6）； 氨氮（0.8）； 石油类（3.7）
	绕阳河	胜利塘	劣Ⅴ	重度污染	氨氮（1.3）； BOD（1.1）； COD（1.0）
	清水河	清水桥	劣Ⅴ	重度污染	氨氮（3.9）； BOD（1.7）； COD（1.2）
	辽河	赵圈河	劣Ⅴ	重度污染	氨氮（0.5）； 石油类（3.5）； BOD（0.5）

辽河流域支流河入汇口生态示范区分为清河、汎河和柳河 3 个部分，按行政区域分属辽宁省铁岭市和沈阳市两个市区。其中清河入汇口位于铁岭市董孤家子村附近，汎河入汇口位于铁岭市黄河子村附近，均介于三合屯至珠尔山考核断面之间；柳河入汇口位于沈阳市梁家烧锅村附近，介于马虎山至红庙子考核断面之间。

2.3.1 清河水质现状评价

清河入辽河前的清辽断面水环境功能区目标为Ⅳ类，水功能区目标为Ⅲ类，2010 年各水期 COD 为Ⅲ类，氨氮丰水期浓度为 3.4 mg/L，超标 0.7 倍，枯平水期氨氮为Ⅲ类，因此对清河流域丰水期氨氮的污染控制亟待加强（图 2-1 至图 2-3）。

清河上游断面主要污染因子为 COD，枯水期上游各主要断面均超Ⅴ类标准，污染来源为农业面源和生活源；清河下游（包括水库出库）主要污染因子为氨氮，污染来源为农业面源、生活源和工业源，因此对清河流域氨氮的污染控制亟待加强。

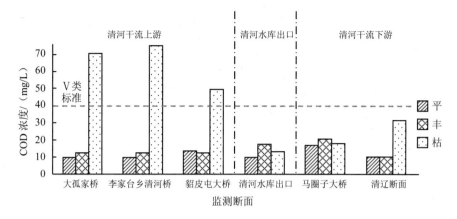

图 2-1　2010 年清河干流沿程主要断面 COD 浓度

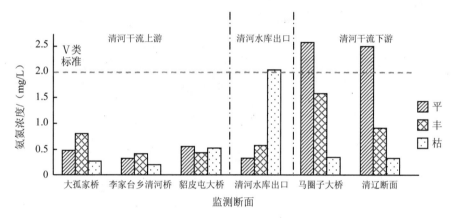

图 2-2　2010 年清河干流沿程主要断面氨氮浓度

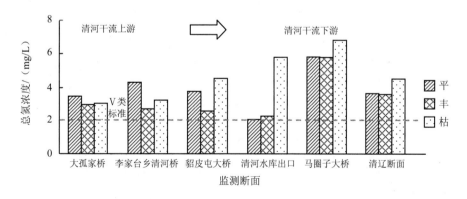

图 2-3　2010 年清河干流沿程主要断面总氮浓度

清河流域有大小支流 7 条，2010 年对主要一级支流的水质状况进行监测，仅有马仲河和前马河的 COD 和氨氮超标，其余支流河水质较好，马仲河接纳了昌图县和银州工业区的生活和工业废水，而前马河沿岸分布几个小造纸企业，因此水质较差，这也是造成清河干流各断面氨氮超标的原因，因此应从加强支流整治入手，全面控制氨氮污染（图 2-4，图 2-5）。

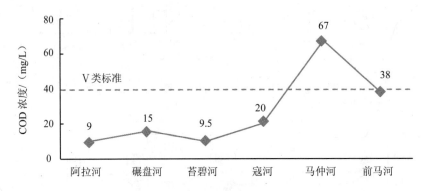

图 2-4　2010 年清河主要支流 COD 浓度

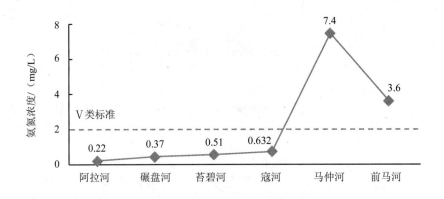

图 2-5　2010 年清河主要支流氨氮浓度

总体上看清河属中度污染，水质指标：水质超标（全年＞75%），COD 40～80 mg/L，氨氮 2～8 mg/L，DO 3～5 mg/L，基本无臭味或很轻，河中可能有鱼。清河属于工业污染与城市生活污染混合主导型河流。

2.3.2　汛河水质现状评价

汛河流域水环境基础较好，但近年来随着人口增加和污染等加剧，汛河水生态系统总体生态质量趋于恶化，物种呈现逐渐消失危机，生物多样性降低，涵养水源功能削弱

（图 2-6），主要表现在以下几个方面：① 自然湿地面积锐减，大部分湿地被开垦成耕地，导致河道平均宽度不足 15 m；② 物种减少，生物多样性呈下降趋势，人为干扰加大及人工开垦区域地带性物种被人工栽培物种取代，致使野生动植物物种减少，并趋于单一性、简单化，危及区域生态安全；③ 生态功能下降，因地表林草植被被大量开垦成耕地，水资源过度利用，导致湿地和水体成孤岛分布，沼泽地变成荒地，使有机统一的生态系统被人为分割，降低了其抵御自然灾害的能力，影响生态系统的动态平衡和生态效能的发挥。

汎河入辽河前的黄河子断面，水环境功能区目标为Ⅳ类，水功能区目标为Ⅱ类。2010 年各水期 COD 为Ⅲ类，各水期氨氮为Ⅳ类，各水期 COD 和氨氮达到水环境功能区目标要求，但 COD 和氨氮达标率仅为 58.3%，因此汎河污染治理的重点是保证 COD 和氨氮各水期稳定达标。

2010 年干流沿程仅有下游的汎河大桥和药王庙断面 COD 和氨氮个别水期超Ⅲ类标准，其余断面全部达标；汎河干流沿程主要监测断面丰、平、枯 3 期的总氮浓度全部超Ⅴ类标准，因此对汎河流域总氮的污染控制亟待加强。

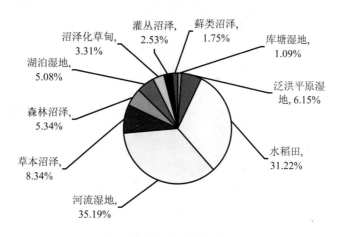

图 2-6　汎河流域湿地类型

莲花湖湿地位于辽宁省铁岭新老城区之间，西依汎河，南以铁岭市新城区和京哈铁路为界，北靠辽河。地理坐标为东经 123°41′~123°48′，北纬 42°15~42°18′，海拔高度为 50.5~61.8 m。莲花湖湿地历史上就是辽北一处重要的洪泛平原湿地，目前是以人工库塘、稻田、自然河流及浅水型小型湖泊群为主的复合湿地类型，具有湖湖相扣、泡泡相连的水网结构，2007 年被批准为国家级湿地公园。莲花湖湿地污水处理能力较强，加之流域入水本底质量较好，因此莲花湖出口水质 COD、氨氮均符合Ⅲ类标准；而入水、湖体和出水口的总氮、总磷均达到或超过Ⅴ类标准，造成湖区严重的富营养化，从总氮浓度可知 2010 年比 2009 年富营养化趋势更甚，因此应采取相应措施，防止莲花湖湿地水质进一步恶化（图 2-7 至图 2-13）。

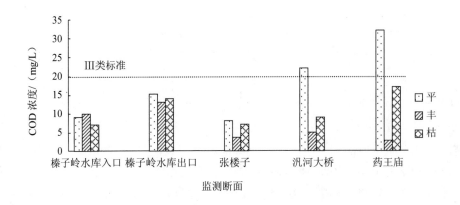

图 2-7　2010 年汛河干流沿程主要断面 COD 浓度

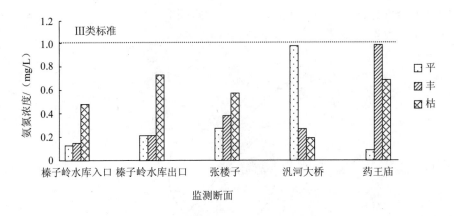

图 2-8　2010 年汛河干流主要断面氨氮浓度

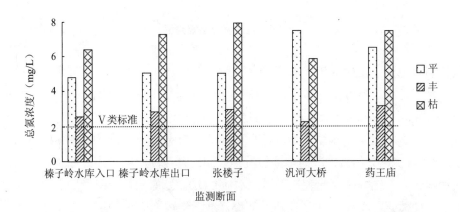

图 2-9　2010 年汛河干流主要断面总氮浓度

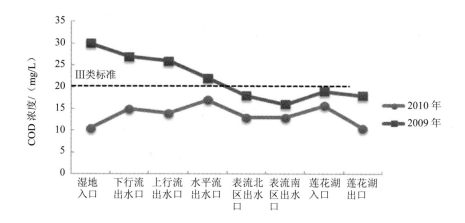

图 2-10　莲花湖湿地主要出水 COD 浓度

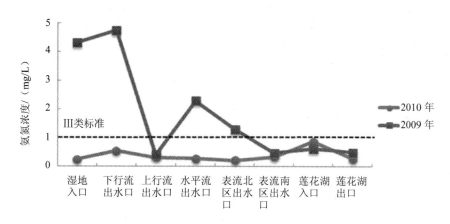

图 2-11　莲花湖湿地主要出水氨氮浓度

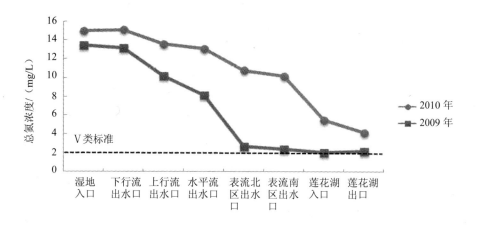

图 2-12　莲花湖湿地主要出水总氮浓度

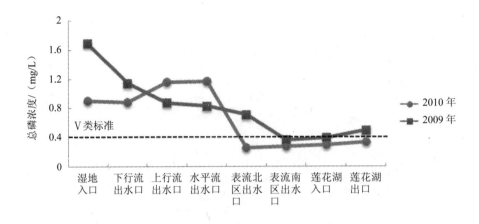

图 2-13　莲花湖湿地主要出水总磷浓度

汛河沿岸河道生活垃圾堆放严重，因生活垃圾和禽畜粪便无组织堆放，滋生大量的致病菌和蚊蝇传播传染病，对人群造成健康危害，并导致过村段河流污染严重，河道枯水季节成了垃圾堆放场，造成丰水期河流水体面源污染严重。

铁岭段支流河河道内堆存大量生活垃圾，是造成汛河污染的重要原因。

总体上看汛河属中度污染，水质指标：水质超标（全年＞75%），COD 40～80 mg/L，氨氮 2～8 mg/L，DO 3～5 mg/L，基本无臭味或很轻，河中可能有鱼。汛河属于城市生活污染主导型河流。

2.3.3　柳河水质现状评价

柳河属中度污染，水质指标：水质超标（全年＞75%），COD 40～80 mg/L，氨氮 2～8 mg/L，DO 3～5 mg/L，基本无臭味或很轻，河中可能有鱼。属于农业面源污染主导型河流。

2.3.4　支流汇入口环境保护存在的问题

2.3.4.1　支流汇入口环境现状

清河入河口位于开原市业民镇清辽村，河口上溯 6 km，常年有水，水量受上游清河水库控制。枯水期 10 m³/s，水深 1.5 m，丰水期 30 m³/s，水深 5 m，入河口宽 500 m，无岸坎，地势平坦。清河流经开原市，开原市内工业污水及生活污水经处理后汇入，枯水期水质较差，为劣Ⅴ类，主要污染因子为氨氮，超标 1～10 倍，丰水期水质Ⅴ类。河口上溯 2 km 为清辽村，居住 1 000 户 3 000 人。

汛河入河口位于铁岭市铁岭县汛河镇药王庙村，汛河入河口上游为铁岭新城区所在地，河口上溯 6.5 km，常年有水。枯水期 10 m³/s，水深 2 m，丰水期 200 m³/s，水深 5 m，入河口宽 200 m，河滩面积 1.3 km²，无岸坎，地势平坦。汎河流经铁岭新城区，新城区生活污水汇入，水质偶有超标现象，主要污染因子为氨氮、COD。河口上溯 1 km 为药王庙村，居住 500 户 2 000 人，此外还有两个养殖场。

柳河入河口位于沈阳市新民市柳河沟镇，全长 122 km，河道宽约 300 m。在梁家烧锅村汇入辽河干流，由于辽河涨水，入河口处全部被淹没，河口两岸都为耕地。水质较差，COD 40 mg/L，BOD 14 mg/L。河口上溯 1 km 左岸王家窝堡村、右岸甲河村。

2.3.4.2　支流汇入口环境保护存在的问题

（1）流域内点源控制工程尚未全部实施；

（2）流域内非点源来源多，控制难度大；

（3）流域外污染负荷贡献逐渐产生影响；

（4）固体废弃物永久性处理措施迟迟不能到位。

第 3 章　设计依据、原则和范围

3.1 设计依据

3.1.1 法律法规

（1）《中华人民共和国环境保护法》（1989）；

（2）《中华人民共和国水污染防治法》（2008 年 2 月 28 日修订）；

（3）《中华人民共和国水法》（2002）；

（4）《中华人民共和国森林法》（1983）；

（5）《中华人民共和国土地管理法》（2004 年修订）；

（6）《中华人民共和国水土保持法》（1991）；

（7）《中华人民共和国防洪法》（1997）。

3.1.2 部门规章

（1）《国务院关于环境保护若干问题的决定》（国务院[1996]31 号）；

（2）国务院《土地复垦条例》（国务院[2011]592 号）；

（3）《风景名胜区管理暂行条例》（1985）；

（4）国家环境保护总局《畜禽养殖污染防治管理办法》（国家环境保护总局令第 9 号）；

（5）《中华人民共和国基本农田保护条例》（1994）；

（6）《中华人民共和国河道管理条例》（1998）；

（7）辽宁省人民政府办公厅《关于进一步加强全省湿地保护工作的通知》（辽政办发[2002]91 号）；

（8）"十一五"国家科技重大专项"水体污染控制与治理"《辽河流域水生态功能分区方案》（2008—2010）；

（9）《辽宁省湿地保护条例》（2007）；

（10）《辽宁省辽河治理实施方案》（2008—2010）。

3.1.3　相关规划

（1）《辽河流域水污染防治"十二五"规划》（2012 年 5 月）；

（2）《辽宁省水污染防治规划》（2012 年 1 月）；

（3）《辽河保护区治理与保护"十二五"总体规划》（2010 年 12 月）；

（4）《辽河保护区"十二五"河道综合治理工程规划》（2010 年 12 月）；

（5）《辽河保护区"十二五"土地利用专项规划》（2010 年 12 月）；

（6）《辽河保护区"十二五"治理与保护能力建设专项规划》（2010 年 12 月）；

（7）《辽河保护区"十二五"生态系统修复专项规划》（2010 年 12 月）；

（8）《辽河保护区"十二五"生态示范区专项规划》（2010 年 12 月）。

3.1.4　技术标准及规范

（1）《城市环境卫生设施设置标准》（CJJ 27—89）；

（2）《环境卫生设施与设备图形符号设施图例》（CJ 28.2—91）；

（3）《地表水环境质量标准》（GB 3838—2002）；

（4）《污水综合排放标准》（GB 8978—1996）；

（5）《畜禽养殖业污染物排放标准》（GB 18596—2001）；

（6）《室外排水设计规范》（GB 50014—2006）；

（7）《城镇污水处理厂附属建筑和附属设备设计标准》（CJJ 31—89）；

（8）《城市污水处理厂污泥排放标准》（CJ 3025—93）；

（9）《城市污水处理工程项目建设标准（修订）》（2001 年版）；

（10）《防洪标准》（GB 50201—94）；

（11）《堤防工程设计规范》（GB 50286—98）。

3.2　设计原则

（1）坚持可持续发展原则。坚持环境建设、经济建设、城镇建设同步规划、同步实施、同步发展的方针，实现环境效益、经济效益、社会效益的统一。

（2）坚持区域内环境综合整治规划服从流域的环境保护规划。注意环境规划与其他专业规划的相互衔接、补充和完善，充分发挥其在环境管理方面的综合协调作用。

（3）实事求是，因地制宜。针对辽河保护区所处的特殊地理位置、环境特征、功能定位，正确处理经济发展同人口、资源、环境的关系，合理确定流域内的产业结构调整和发展规模。

（4）坚持统一规划、上下游联动，分步实施的原则。坚持污染物排放总量控制和浓度控制相结合，合理确定污染物排放总量与控制断面水质目标值和分期实施的重点工程和目标。

（5）坚持预防为主，保护优先的原则。开发利用与治理保护相结合，推广节水和废物资源化措施，严格环境执法，各项开发建设活动必须落实环境保护措施，最大限度地避免开发建设与生态环境保护的冲突，确保环境目标的实现。

（6）坚持污染防治与生态环境保护并重，突出污染治理的主题。环境质量由辖区负责，谁污染谁治理。各行政区政府负责辖区达到规定的主要污染物总量控制目标和水质排放标准，企业负责自身的工业废水治理并达标排放。

（7）坚持多渠道、多层次、多形式筹集建设资金的原则。中央投资与地方配套相结合，财政性资金与利用外资、银行贷款、企业筹集和社会资金相结合，从政策上鼓励投资多元化。

3.3 设计范围

本工程设计包括辽河干流重点段污染控制与水质强化工程，清河、汛河、柳河河口污染控制与水生态建设工程，辽河保护区支流汇入口人工湿地建设工程及辽河保护区湿地网建设工程。

辽河干流重点段污染控制与水质强化工程根据辽河干流福德店—三河下拉、新调线公路桥—哈大铁路桥、七星山—石佛寺、巨流河—毓宝台、大张桥—红庙子 5 个重点控制段的污染现状，结合辽河保护区治理与保护"十二五"总体规划、辽河保护区"十二五"生态系统修复专项规划，对辽河干流 5 个重点段的水环境污染进行综合整治工程设计。

清河、汛河、柳河河口污染控制与水生态建设工程根据清、汛、柳河水环境现状，结合辽河保护区"十二五"规划，确定综合整治的范围，近期主要整治区段，同时对范围选择、整治方案、工程投资等进行分析论证。

辽河保护区支流汇入口人工湿地建设工程编制范围为辽河保护区污染较重的 9 条支流汇入口。确定辽河保护区支流汇入口人工净化湿地工程的类型、规模、工程量和工程投资。确定湿地工程的工艺方案。确定本期湿地建设工程方案、工程总投资，并研究与本工程有关的其他问题。提供相关配套工程的方案设计。

辽河保护区湿地网建设工程编制范围为支流汇入口湿地、坑塘湿地、牛轭湖湿地、闸坝回水段湿地。其中重点为 9 个中度/重度污染支流河口建设人工湿地，面积 108.5 km^2，恢复河岸带 3.5 km。牛轭湖湿地建设面积为 87.23 km^2。

第4章 辽河干流重点段污染控制与水质强化工程

4.1 工程规模和目标要求

4.1.1 工程总体思路

工程的总体设计思路是：减源、截留、修复。减源即从源头减少污染物向河流的排放；截留即通过生物和生态工程的技术对河流中的污染物控制或对养分元素进行生物截留；修复即采取生态学原理和生态工程技术恢复该地区的生态功能。

4.1.2 工程规模

（1）辽河干流源头区污染控制与水质强化净化项目。辽河干流源头区污染控制与水质强化净化建设项目位于福德店—三河下拉段，全长大约 38 km，工程目标是东、西辽河汇入口与三河下拉汇入口进入干流水质分别达到Ⅴ类和Ⅳ类地表水质量标准。主要建设工程包括：东辽河、西辽河交汇口（福德店）污染阻控工程，三河下拉重点区水质强化净化工程，福德店至三河下拉湿地网水质强化净化工程 2.85 km²，植被缓冲带建设 22 km。

（2）新调线污染控制与水质强化净化项目。新调线水生态综合建设项目结合当地自然条件和历史条件，以实现人与河流和谐相处为指导思想，通过生态修复、景观营造来挖掘和提升河道的综合功能，充分体现"自然、生态、健康"一体的构思，打造"水清、岸绿、景美"的新景观，实现河道防洪的功能价值和水的可持续利用，建设一个健全、健康的河流生态系统，满足人们对景观高层次的精神需求。

（3）七星山污染控制与水质强化净化项目。七星山污染控制与水质强化净化项目范围为七星山橡胶坝下游 1 km 至石佛寺水库，长约 14 km，两堤之间的滩地占地 23.3 km²。有在建橡胶坝一座，坝高 2.5 m，坝长 164 m，回水长 7.9 km，水面面积为 1 500 亩[①]，蓄水量 200 万 m³。污染控制与水质强化净化项目主要为种植植物污染阻控带，新建、扩建坑塘，种植水生、湿生植物，维持石佛寺水库出水水质，减少沿河非点源污染，使河水 COD 浓度小于 30 mg/L，氨氮浓度小于 2 mg/L。

---

① 1 亩=1/15 hm²≈666.67 m²。

（4）毓宝台污染控制与水质强化净化项目。主要对辽河干流巨流河桥下 0.8 km 至毓宝台桥上 3.6 km 之间约 13 km 河段进行综合整治，以达到辽河干流巨流河—毓宝台段河道水质及景观的明显改善，保证辽河干流毓宝台水质 COD 浓度小于 30 mg/L，氨氮浓度小于 1.5 mg/L。主要建设工程包括 13 km 段生态河道恢复工程、巨流河—毓宝台段湿地网建设工程、毓宝台污染综合阻控工程等。

（5）大张桥污染控制与水质强化净化项目。主要对辽河干流大张桥—红庙子之间约 10.6 km 河段进行综合整治，以达到辽河干流大张桥—红庙子段河道水质及景观明显改善的目标，保证辽河干流红庙子水质 COD 浓度小于 30 mg/L，氨氮浓度小于 1.5 mg/L。主要建设工程包括 10.6 km 段生态河道恢复工程、大张桥水质强化控制工程、红庙子污染综合阻控工程等。利用微生物及植物功能进行降氮除磷，减少陆域污染物对水源地水质的污染。

4.1.3 水质目标要求

本工程主要侧重于辽河干流重点段污染控制与水质强化净化，减少入河污染负荷。本工程实施后 5 个区段水质达到地表水Ⅳ类水质要求（GB 3838—2002）。即 COD≤30 mg/L，氨氮≤1.5 mg/L。

4.2 方案选择

方案选择遵循以下原则：
（1）生态修复原则，减少人为扰动，强化自然净化；
（2）常年运行中，要保证处理效率稳定，技术成熟可靠；
（3）处理设施建设简易，适于维护简单、管理方便等特点；
（4）最大限度地降低基建投资和运行费用。

4.2.1 5 个重点段人工湿地处理技术

4.2.1.1 湿地情况简介

人工湿地是模拟自然湿地的人工生态系统，它是一种由人工建造和监督控制的、类似沼泽地的地面，利用生态系统中物理、化学和生物的三重协同作用来实现对污水的净化[20]。人工湿地污水处理系统是 20 世纪 70 年代发展起来的一种污水处理技术，与传统的污水二级生化处理工艺相比，具有净化效果好、去除氮、磷能力强、工艺设备简单、运转维护管理方便、能耗低、系统配置可塑性强、对负荷变化适应性强、工程基建和运行费用低、出水具有一定生物安全性、生态环境效益显著、可实现废水资源化等特点，正越来越多地得到人们的关注[21]。

4.2.1.2 人工湿地的划分

按流态分，湿地处理单元的水流有自由表面流和潜流两种形式，其中潜流还可分为水平潜流和垂直潜流两种方式。按工艺流程分，主要有推流式、阶梯进水式、回流式和综合式 4 种方式[22]。阶梯进水可避免处理床前部堵塞，使植物长势均匀，有利于后部的硝化脱氮作用；回流式可对进水进行一定的稀释，增加水中的溶解氧并减少出水中可能出现的臭味。综合式则一方面设置出水回流，另一方面将进水分布至填料床的中部，以减少填料床前端的负荷[23]。

4.2.1.3 人工湿地法入库河流水质设计

考虑到辽河干流水量，针对本工程的特点，5 个重点段如采用宽 45 m，水深 0.5 m，长 14 km 的自由表面流人工湿地，其流量 20×10^4 m³/d，通过计算，河水在人工湿地中的水力停留时间（HRT）约 30 h。

在人工湿地生态要素方面，可种植多种类的水生植物，可选用的挺水植物有芦苇、水葱及香蒲等；沉水植物有黑藻、金鱼藻及马来眼子菜等；浮水植物，可选择凤眼莲、睡莲及菱角等。湿地中可放养鱼类，如选用鲤鱼类（白鲤、黑鲤、大头鲤及草鲤等）[24]。

人工湿地工艺条件还要充分考虑水力坡降，在必要时用水泵对湿地水体进行提升，之后利用水力坡降形成自然流。在暖季条件下，将湿地水力条件简化为推流，相关反应动力简化为一级反应动力学，根据国内外运行最佳参数推算，以下为经验参数：

当人工湿地的 HRT 为 30 h 时，氨氮去除率可达 30%～35%，总氮去除率可达 30% 左右。PO_4^{3-}-P 去除率可达 30%，总磷去除率可达 20% 左右。

据此可知，当河道进水水质总氮为 9 mg/L 时，估算经湿地处理后生态河道出水水质如下：

当 HRT 为 30 h 时，对总氮的去除率为 30%，总氮为 2.7 mg/L，总磷为 0.4 mg/L。因此，对于 5 个重点段目前的水质状况，如果辽河干流 5 个重点段河水仅通过河道人工湿地处理，由于引水量较大，河水在湿地的反应时间过短，将会使得人工湿地的污染物负荷过高，造成人工湿地对河水中污染物的去除效果不明显。因此，以上理论分析和实践经验表明，单独采用人工湿地处理 5 个重点段河水，无法保证干流水质达到地表水Ⅳ类水质要求（GB 3838—2002）。

4.2.2 重点段污染控制与水质强化项目

4.2.2.1 国内外污染控制与水质强化技术研究进展

河流水质强化净化技术是近三四十年来国内外为解决河流污染及生态退化而研究开

发的重点技术，其突出特点是充分发挥现有水利工程的作用，综合利用水域内外的湿地、滩涂、水塘、堤坡等自然资源及人工合成材料，对天然水域自恢复能力和自净能力进行强化，修复河流水生态系统[25]。

国外对河流水质强化净化技术与应用始于 20 世纪五六十年代的日本、美国及欧洲一些发达国家[26]。当时这些国家正处于经济高速发展时期，每天都有大量未经处理的工业废水和生活污水排入就近河流，结果导致河流迅速变得污浊不堪，水质极度恶化，有些河流的溶解氧含量几乎为零，严重影响了水资源的使用功能，如英国的泰晤士河、欧洲的莱茵河、美国的 Homewood 运河和密西西比河、日本的江户川和多摩川等。针对这种情况，这些国家的政府一方面加大城市污水处理厂的建设力度，减少进入河流的污染物的量，如日本、美国及欧洲一些发达国家的污水处理率已达到 90%以上；另一方面根据本国河流的特点开始采取人工强化净化措施直接治理污染的河流，加速河流水质的恢复，以及采用生态工程的技术手段，修复河流水生态系统[27]。

日本工业发达，人口众多，河流污染比较严重，其中 BOD_5 在 20 mg/L 以上的河流就占全国河流的 80%以上。因此，日本是河流水质强化净化技术研究和应用最多的国家之一，常用的净化技术包括引水稀释、底泥疏浚、河道的直接曝气、投菌、生物膜净化及水生生物净化等[28]。日本在 20 世纪 90 年代也开创了"创造多自然型河川计划"，仅 1991 年推行的创造变化水边环境的河道施工方法试验工程就有 600 处。计划将 5 700 km 河段中的 2 300 km 建设为植物堤岸、1 400 km 为石头及木材护底的自然河堤，对不得不采用混凝土的河段，按"多自然型护堤法"进行改造，覆盖土壤，种植植被。

欧美等发达国家经济基础好，地多人少，河流用地可以保障，因此这些国家在河流强化净化方面多倾向于河道的直接曝气、河道清淤、恢复河流两岸湿地和恢复"蛇形"河道等的自然净化方式[29]。R. D. Hey[30-32]、A. Brookes[33]等学者先后研究河道工程的环境敏感性问题，分析了河道断面形式、弯曲程度、两岸护坡、滩地开发与保护等一系列工程措施对防洪、排涝、抗旱及水生态系统的影响，探讨了河流水动力特性、泥沙淤积对河床稳定的影响；Jaana Uusi-Kamppa[34]、H. Ahola[35]、C. Amoros[36]、M. M. Brinson[37-38]、J. Phillips[39]、J. R. Cooper[40-41]、C. F. Mason[42-44]等先后研究了河道两岸植物、森林、水生生物对水体污染物质的截留容量和净化效应，特别是河流水生植物对农业非点源氮和磷的阻隔效果；T. Mitsch[45]、G. E. Petts[46]、C. J. Richardson[47]等先后研究了湿地系统对污染物的吸附效应，提出了湿地系统对水环境质量具有重要作用，明确必须保护湿地系统，维持自然生态系统；K. Kern[48]、Ministerium Umwelt[49]等研究了河道生态修复途径，建议改变传统水利工程的结构形式，减缓人类活动对天然生态系统的影响。近年来，发达国家对这方面的研究更为深入，不仅在理论上日趋成熟，而且在实践中广泛实施。B. L. McGlynn[50]、Geoffrey Petts[51]和 Peter Calow[52]等人提出了系统的河流生态系统修复理论和技术。

我国河流污染形势也越来越严峻，尤其是中小河流，由于它们大多数环绕居民区、农田，临近畜禽养殖场，又受中小型工业等的影响，其水质受污程度相当严重。而中小河流、毛细管河流组成的河网，也是居民用水、农业灌溉和渔业用水的主要水源[53]。水资源的污染，不仅影响作物和鱼类的产量和品质，还会累积毒素，生产出有害人类身体健康的农产品。同时，众多被污染河水还会通过河网汇入大江大河，从而直接影响大江大河的水质。但由于经济和技术条件的限制，我国对河流强化净化技术的研究还处于起步阶段，实际应用的技术只有引水稀释、清淤等机械物理的方法，河道曝气也只是在北京、重庆和上海等地的小河道治理中使用过；而利用生物（包括水生植物和微生物等）对污染河流进行强化净化的研究还只处于试验阶段[54]。

可见，国内外在河流的水质强化净化与生态修复方面进行了长期广泛的研究，形成了大量比较成熟的技术，并在运用中取得了较好的效果。

4.2.2.2 技术方案设定

（1）河岸污染截留净化技术方案。利用河岸采取合适的河岸截留净化措施，截留净化沿河岸进入河道的污染源，如降雨径流面源污染，接入河岸的农田排水和经过处理的生活污水等[55]。本工程充分利用河岸构建适宜的处理措施，对这部分入河污染物进行截留净化。河岸污染截留净化系统就是针对沿河岸进入河道的污染物所采取的对应的技术措施，以最大限度地减少入河污染物。其核心技术为污染物河岸截留净化技术，辅以污染带强化净化技术对沿河岸的污染带进行强化净化。

河岸植被缓冲带是指邻近受纳水体，有一定宽度，具有植被，在管理上与农田分割的地带[56]。缓冲带可以减少营养物质进入河道，并和生长的植被稳定河岸，形成一个具有截留和拦截来自农业区泥沙的复杂的生态环境。因此，河流生态恢复的首要任务应是保护和建立沿河两岸缓冲带。要保持一条小河流的自然功能，仅改变河道而不保护河岸和缓冲带只能是徒劳的。

污染物在从农田和村庄向水体转移的途径中，以地表径流、潜层渗流的方式通过缓冲带进入水体。研究认为，悬浮物在过滤带中的沉降主要是过滤带糙率较大，引起水流流动速度降低，延长水流的流动时间，使径流下渗量增加，降低水流的挟沙能力，使悬浮物在缓冲带中沉降。当缓冲带宽度超过 10 m 以后，硝酸盐浓度的下降趋于平缓；磷浓度经过 8 m 宽的缓冲带后降低了 90%。综合考虑各目标，建议河流两岸的缓冲带宽度至少为 10 m。缓冲带可以种植经济林木，在截留污染的同时还可以创造经济效益。

（2）河道生态修复技术系统[57]。生态修复是为了加速受损生态系统的恢复，以人工措施做辅助，并最终实现生态系统健康。生态修复的指导思想是协调人与自然的关系，以生态系统的自然演化为主，同时进行人为引导，加速自然演替过程，遏制生态系统的进一步退化。

对河道生态系统进行修复的首要条件是切断污染源（点源控制、面源截留），然后实施生态修复，这样能显著缩短水域生态系统自然恢复的时间。水生态系统的生态修复实际上是对整个河流廊道自净能力和自我恢复能力的一种强化。它利用自然生态系统的自净能力和食物链的原理，通过构建生态河床与生态护岸，同时采取对污染水体进行强化净化等措施，以恢复良性循环的水生态系统[58]。

河道污染水体的生态修复因其利用系统自身净化能力的特点而具有多方面优点：一是修复效果好，且可以实现系统的长久良性循环；二是该技术实施的工程造价低，不需耗能或耗能低，运行成本低廉；第三，水体强化净化所需的微生物和动植物具有来源广、繁殖迅速等特点，如果能选择到优势菌群和物种，可以实现对大多数有机物的生物降解，而且这种方法不会形成二次污染[59]。

根据辽河河道的特点采用适宜的生态河床和生态护岸重构组合技术，通过生态工程技术，创造适宜的生物栖息环境，增强河道水体的自净能力。

生态护岸是结合治水（利水）工程与生态环境保护而兴起的一种新型护岸技术，是结合现代水利工程学、生物学、环境学、生态学、景观学、美学等学科为一体的水利工程。利用天然材料作为河岸保护的素材，结合工程、生物与生态的观念进行生态型护岸建设，不再仅仅强调护岸的抗冲刷力、抗风浪淘蚀强度等，而是强调安全性、稳定性、景观性、生态性、自然性和亲水性的完美结合。护岸的构造型式、材料的选择，应依水体特性，单用或兼用植物、木料、石材等天然资材，以保护河岸，并运用筐、笼、抛石等材料以创造多样性之孔隙构造，以创造出适合植生、昆虫、鸟类、鱼类等生存之水边环境[60]。

应用于骨干型河道的石羽口生态护岸技术

① 适用范围。适用于骨干型河道，具有防洪、输水等多重功能，一般流量较大，水位较高，针对其防洪和防冲刷要求较高的特点，可采用石羽口生态护岸，在维护河岸稳定安全的同时保持河岸的亲水、景观和净水效果。

② 技术特征及原理。石羽口生态护岸坡底采用天然石材或切割石材垒砌，以保证护坡的稳定性和安全性。上部用框架和木桩护面，框架内嵌有砾石或卵石，利用砾石或卵石间的缝隙种植护坡植物。坡面上部一般种植景观草皮。此护岸是融合亲水性、景观性、净水功能为一体的生态型护岸结构。

运用于浅小河道的抛填式生态河床技术

① 适用范围。此项技术主要运用于浅小河道中，污染物去除的主要机制是附着微生物的作用；而在大型河道中，由于水深较深且日照、溶解氧等限制因素，使得水体中降解污染物的主要贡献是水体中悬浮性微生物。若在浅小河道中应用此项技术，同时对流量、流速、溶解氧等因素加以适当控制，可以较好地提高河道的净化能力。

② 技术特征及原理。将块石、卵砾石和碎石以一定方式抛填于河道中，由于石块之

间具有较大空隙，可以为底栖动物、虾、蟹等提供适宜的栖息场所。同时这些石块具有较大比表面，生物容易聚集生长而形成黏液状的生物膜，可以吸附降解水体污染物质强化水体的自净能力，使水与生物膜的接触面积增大数十倍甚至上百倍，从而水中污染物在石间流动过程中与石块上附着的生物膜接触、沉淀，进而被生物膜作为营养物质而吸附、氧化分解，从而使水质得到改善。河底铺石还可以有效地抑制底泥污染物的释放，同时，也创造了适宜生物生长的底栖环境。

应用于控制河岸挺水植物生长的滨水带生态砼净化槽技术

① 适用范围。河道滨水带生长着的大量挺水植物，如芦苇、茭草，在河流水体系统中起着重要作用，具有减轻流水对岸坡的侵蚀，利用其根系稳定边坡，为水生动物提供栖息场所，吸收水中污染物质净化水体等功能。但由于其根系发达，生长迅速，在不加以限制措施的情况下，往往比较容易迅速蔓延，侵占河道，影响航运和行洪，对河道功能造成不利影响。在此情况下，可以运用滨水带生态砼净化槽技术，将挺水植物限制在一定范围内生长，从而达到不影响河道行洪和航运的目的，所构成的滨水带湿地系统也保持了对河水较高的净化功能。

② 技术特征及原理。河流滨水带生态砼净化槽通过沿河流滨水带设置生态砼槽，将挺水植物限制在槽内生长，形成河流滨水带水生植物湿地净化系统。如图 4-1 所示，首先在坡脚打桩，之上铺土工布，土工布上有碎石垫层，垫层上设置生态砼槽，在槽内植物种植区内设置土壤、砂石等填料。河流滨水带生态砼净化槽能够起到挡土作用，保护河岸稳定，防止河岸侵蚀和水土流失，同时具有良好的净化污染水体的性能。生态砼本身具有大量的连通孔，容易附着大量的微生物，土壤、砂石等填料和植物根系表面也生长了大量微生物并形成生物膜，当污水进入河道滨水带时，径流中的固体悬浮物被填料及植物根系阻挡截留，有机质通过生物膜的吸附及同化、异化作用而得以清除；植物根系对氧的传递释放，使其周围微环境中依次出现好氧、缺氧和厌氧现象和交替环境，因而保证了污水中的氮、磷不仅能被植物及微生物作为营养成分直接吸收，而且还可以通过硝化、反硝化作用及微生物对磷的过量积累作用从径流中去除，达到截留净化污染物的效果；通过对填料进行定期更换和收割植物，最终把污染物从河道系统中彻底清除掉。

河流滨水带生态砼净化槽利用生态砼槽种植挺水植物，使挺水植物限制在槽内生长，不会蔓延侵占河道，影响河道的正常行洪和航运功能。种植的芦苇、茭草或菖蒲等挺水植物，在河道滨水带形成了绿色植物景观，如图 4-1 所示。

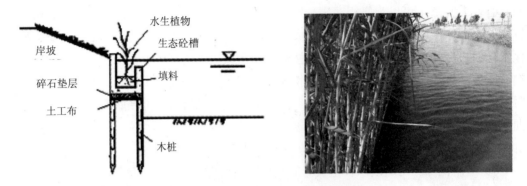

图 4-1 河流滨水带生态砼净化槽示意图

应用于居民区河道的木栅栏砾石笼生态护岸

① 适用范围。针对居住区域的河道挡土功能要求高、土地紧张等特点，可以采用木栅栏砾石笼生态护岸。黑石河上游瑶台、马家、岔岔 3 个村子的房屋紧靠的河段，采用直立混凝土挡土墙的护岸形式，此种硬质护岸会破坏河岸生态系统，不利于水生生物的栖息繁殖，而木栅栏砾石笼生态护岸可以在稳固河岸、节省用地的同时，创造出适宜水生生物生长的栖息环境。

② 技术特征及原理。木栅栏砾石笼生态护岸为砾石笼和杉木桩挡板组合结构，通过沿河岸按照一定间距打入木桩，在木桩上使用木条与木桩组合而成木栅栏结构，然后在木栅栏内填入砾石而形成。该护岸结构稳固，挡土功能强，由于采用了直立形式因而节约了用地。同时，该护岸木质和石材的材料符合亲自然的要求，栅栏空间和石笼空隙成为水生生物栖息的较佳场所，从而可丰富河道的生物多样性，并提高水体的自净能力。

4.3 工程方案设计理念与工程内容

4.3.1 工程方案设计理念

辽河干流重点段污染控制与水质强化项目结合当地自然条件和历史条件，以充分体现"安全、生态、景观、文化"一体、实现人与自然和谐相处为指导思想，使河道整治工程既能够实现人们期望的城镇防洪的功能价值，又能兼顾建设一个健全的河流生态系统，实现水的可持续利用，同时还能满足人们对景观及文化方面的高层次的精神需求。

4.3.2 工程内容

工程内容详见表 4-1。

表 4-1　总项目表

项目	序号	工程名称	建设内容
辽河干流源头区污染控制与水质强化净化建设项目	1	东辽河、西辽河交汇口（福德店）污染阻控工程	东辽河、西辽河交汇口（福德店）人工湿地建设，污染阻控与河岸带植被恢复等工程，示范区建设总面积约为 4.5 km²
	2	福德店至三河下拉水质强化净化工程	福德店至三河下拉水质强化净化工程以滨河湿地与沙洲湿地建设为重点，结合河岸植被恢复，岸坡防护工程建设，滨河湿地与沙洲湿地建设在金家坨子、朱家坨子、刘家屯站、京四高速公路桥开展，湿地工程建设总面积约为 2.85 km²，植被缓冲带建设 22 km
	3	三河下拉重点区水质强化净化工程	三河下拉水生态示范区以河口河道污染阻控与水生态恢复为重点，结合橡胶潜坝建设，岸坡生态治理等项目，示范区建设总面积约为 3.25 km²，其中湿地建设项目面积为 1.2 km²；生态恢复区面积约 2.05 km²
七星山污染控制与水质强化净化建设项目	1	沈康高速公路桥污染控制工程	对河道进行清淤，构建生态河道，构建坑塘湿地群，强化石佛寺水库出水水质，项目总面积约为 2 km²
	2	坑塘湿地群污染控制工程	建立坑塘或坑塘湿地群，扩大水量，减小河流沿岸非点源污染对河流流域的影响，维系干流水质，项目总面积约为 2 km²
	3	七星山橡胶坝回水段湿地水质强化净化控制工程	对河道进行生态清淤，建立生态河道，建立橡胶回水坝，进行岸边带修复，净化水质，建立坑塘湿地，项目总面积约为 6 km²
新调线污染控制与水质强化净化工程项目	1	哈大铁路桥坑塘湿地群污染控制工程	哈大铁路桥下游辽河干流左岸 2 km 范围内入坑塘湿地群污染控制工程建设，共建设 20 个坑塘湿地，总面积约为 40 万 m²
	2	哈大铁路桥堤岸防护林污染阻控工程	哈大铁路桥附近右堤岸 2 km 处防护林污染阻控工程建设，重点是提高地表植被覆盖率，建设总面积为 5 万 m²

项目	序号	工程名称	建设内容
新调线污染控制与水质强化净化建设工程项目	3	沙山子生态水面水质维系工程	在沙山子河附近修建生态水面水质维系工程和湖堤植物污染阻植控工程，构建生态水面水质维系区。建设总面积约为 264 万 m²，其中生态水面水质维系工程区面积约为 144 万 m²
	4	新调线公路桥橡胶坝水质强化净化工程	新调线公路桥下橡胶坝上游回水区左岸 6.9 km 范围内进行生态湿地建设、新调线公路桥两侧 1.2 km 的内滩地进行人工湿地和人工湖生态水面水质维系工程建设。其中，生态湿地建设面积 12.49 万 m²，人工湖生态水面建设面积 16.97 万 m²
	5	长沟子河口人工湿地污染控制工程	长沟子河口区建设宽 100 m，深 0.8 m，长 4 km 的表面流人工湿地，处理水量约 4 万 m³/d，沿河构建 5 km 的河岸植被缓冲带。其中，人工湿地建设面积 6 万 m²，河岸防护林建设面积 25 万 m²
毓宝台污染控制与水质强化净化工程	1	巨流河—毓宝台生态河道恢复工程	治理范围包括辽河干流巨流河橡胶坝至毓宝台大桥间 13 km 河段
	2	牛轭湖湿地强化净化工程	构建面积 36.93 km² 的大型牛轭湖自然湿地，种植。种植沉水植物、挺水植物、湿生植物、沙生植物
大张桥污染控制与水质强化净化工程	1	大张桥—红庙子河段生态河道恢复工程	治理范围包括辽河干流巨流河橡胶坝至毓宝台大桥间 10.6 km 河段
	2	大张桥污染控制工程	工程范围为大张桥下游辽河右岸滩地构建大型坑塘湿地，在右岸管理路与主堤防之间开挖，水域面积 34 万 m²，水域周长 2 500 m，湖底高程 5.65 m，平均开挖深度 2.95 m，最大开挖深度 2.25 m。水深 1.2 m
	3	红庙子污染控制与水质强化净化工程	范围为红庙子辽河大桥上游 3 km 至大桥下游 2.5 km 的红庙子橡胶坝，长度 5.5 km，平均宽度 500 m，其中陆域面积 328.91 hm²，水域面积 6.34 hm²，总规划面积为 335.25 hm²

4.4 辽河干流源头区污染控制与水质强化净化建设项目

4.4.1 项目介绍

辽河干流源头区以东、西辽河交汇处为起点，于八家子河、李河和公河处的三河下拉结束（图 4-2）。辽河干流源头区污染控制与水质强化净化建设项目位于福德店—三河下拉段，全长约为 38 km。

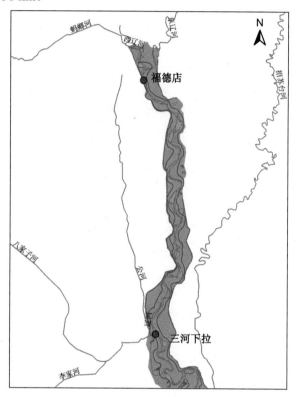

图 4-2　辽河干流源头区污染控制与水质强化净化建设项目区位图

（1）项目设计总体思路。辽河干流源头区污染控制与水质强化净化建设项目以东西辽河交汇口（福德店）和公河河口（三河下拉）河段为重点区域，建设两处河口人工湿地，以东西辽河汇入口与三河下拉支流水污染阻控与水质强化净化、恢复河口水生态为目标，根据河道的原始断面形态及河床、河岸的相对高差，通过河道底泥生态清淤、河滩地平整、水生植物群落重建和堤岸绿化等方式进行湿地恢复和建设。有力促进河口区污染物去除与生态系统的培育。

福德店至三河下拉沿岸，以恢复辽河自然生态为主，因地制宜建设河滩湿地与沙洲湿地，恢复河岸植被，分段污染阻控的植物缓冲带、岸坡防护工程，保证干流沿岸水污染阻控取得良好的工程效果，全面恢复辽河干流源头区水生态，形成水质清澈，岸边水生植物、灌木、树木高低错落、郁郁葱葱的原生态自然景观。

总体设计方案如图4-3所示。

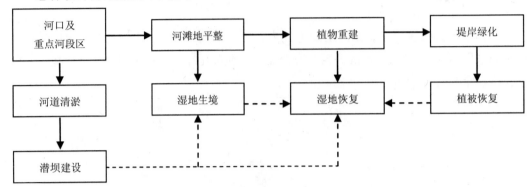

图4-3　辽河干流源头区污染控制与水质强化净化建设总体方案

（2）项目建设内容与规模。

东辽河、西辽河交汇口（福德店）污染阻控工程

东辽河、西辽河交汇口（福德店）区域以污染阻控与水环境改善为重点，结合湿地建设、污染阻控与河岸带植被恢复等工程，示范区建设总面积约为 4.5 km²，其中在东、西辽河及干流 2.6 km，两岸 500 m 建设生态恢复区，面积为 130 万 m²；湿地建设项目面积为 2.2 km²。

福德店至三河下拉水质强化净化工程

福德店至三河下拉水质强化净化工程以滨河湿地与沙洲湿地建设为重点，结合河岸植被恢复、岸坡防护工程建设、滨河湿地与沙洲湿地建设在金家坨子、朱家坨子、刘家坨站、京四高速公路桥开展，湿地工程建设总面积约为 2.85 km²，植被缓冲带建设 22 km。

三河下拉重点区水质强化净化工程

三河下拉水生态示范区以河口湿地污染阻控与水生态恢复为重点，结合橡胶潜坝建设、岸坡生态治理等项目，示范区建设总面积约为 3.25 km²，其中湿地建设项目面积为 1.2 km²；生态恢复区面积约为 2.05 km²。

4.4.2　东辽河、西辽河交汇口（福德店）污染阻控工程

（1）工程简介。东辽河位于铁岭市昌图县长发乡王子村，常年有水，枯水期 10 m³/s，水深 1 m，丰水期 450 m³/s，水深 6 m，入河口宽 100 m，河滩面积 4 km²。河流水质在 V类、劣V类范围，主要污染因子为氨氮和 COD，分别超标 0.4 倍、1.14 倍。西辽河位于沈阳市康平县山东屯乡郭家村，河口上溯 5.5 km，常年有水，枯水期流量 1 m³/s，水深

0.4 m，丰水期流量 400 m³/s，水深 5.5 m，入河口宽 90 m，河滩面积 4.4 km²。河流水质在 V 类左右，主要污染因子为氨氮、COD。辽河上游的西辽河和东辽河于福德店相汇后进入辽宁省境内。

本工程以建设东、西辽河河口区污染阻控生态恢复区为设计目标，根据东、西辽河河道的原始断面形态及河床、河岸的相对高差，通过河道底泥生态清淤、河滩地平整、水生植物群落重建和堤岸绿化等方式对东西辽河河口区进行湿地恢复和建设。三河下拉河口人工湿地位置如图 4-4 所示。

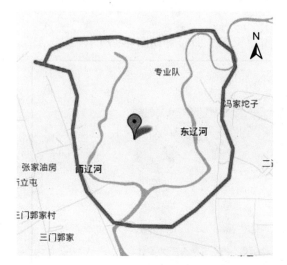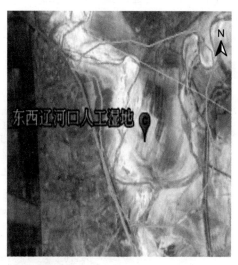

图 4-4　东、西辽河口人工湿地位置图

（2）工程设计。工程设计目标：东辽河、西辽河交汇口（福德店）污染阻控工程通过生态清淤、建设河口人工湿地等措施，强化净化东、西辽河水质，实现辽河干流福德店出水水质指标达到 V 类地表水质量标准，即 COD 降至 40 mg/L 以下，氨氮降至 2 mg/L 以下。

在东、西辽河汇合口福德店建设石笼潜坝，形成回水段湿地，保障坝前控制水位及水量，为上游区域湿地的封育提供水源。建设石笼潜坝坝高 2 m，坝长 120 m。

对长度为 2.6 km 辽河口河段河底沉积污染物较多的表层进行清理，清淤平均深度为 0.4 m，清淤 10.4 万 m³。通过清淤去除底质污染负荷，为水质改善奠定基础。

东、西辽河口人工湿地建设地点从河口上溯 2～3 km，示范区面积约 4.5 km²，类型为人工导流形成牛轭湖湿地。植被选择以土著种为主，配以芦苇、香蒲等、菱草等具有物理阻滞作用的水生植被，降低沉积物的再悬浮，并大量吸收水体和沉积物中的养分元素。项目实施过程中，水深小于 0.8 m 的水域种植芦苇、香蒲等挺水植物；对于辽河泥质部分的河床和河岸可采用天然植物措施，常水位以下配置沉水植物，增加水下生态景观和净化水质功能，常水位线以下至枯水位部分从浅到深分别种植挺水植物、浮水根生植物和漂浮植物，如荷花、睡莲、凤眼莲等；常水位线至洪水位线配置湿生植物如芦苇；洪水位线以上配置中生植物，如垂柳、侧柏、苹果、桃、杏等，增加河道绿化量，做到乔、灌、草相结合，高、中、低相配套，形成稳定高效的人工湿地。湿地水力停留时间为 5 d，出水 COD 降至 40 mg/L 以下，氨氮降至 2 mg/L 以下。

对示范区内辽河干流和东、西辽河 6 km 岸坡进行生态整治，种植土著植物进行堤岸绿化，护岸 15 m 内种植香根草、苗马兰、泽兰、迎春花等草坪植被，60 m 内种植枫杨、灌木柳、杞柳构造防护林，绿化面积 36 万 m²。东西辽河汇合口下游示范区内滩地生态恢复以自然封育为主，恢复滨河湿地。

东辽河、西辽河交汇口（福德店）污染阻控工程平面布置如图 4-5 所示。

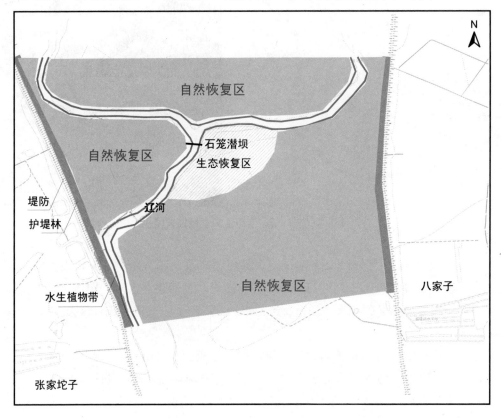

图 4-5　东辽河、西辽河交汇口（福德店）污染阻控工程平面布置图

（3）工程量计算。

① 河道清淤长度为 2.6 km，清淤厚度平均为 0.4 m，清淤段河宽平均为 100 m，清淤土方量为：2 600 m×0.4 m×100 m = 10.4 万 m³。

② 平整河滩地长度为 2.6 km，平整河滩地宽度平均为 500 m，种植亲水植物，构建

滨河湿地，平整河滩地面积为：2 600 m×500 m =130 万 m²。

③石笼潜坝建设坝高2 m，坝长120 m，坝宽平均4.5 m，建设工程量为：2 m×120 m × 4.5 m =1 080 m³。

④对长度为 2.6 km 河段两侧水位小于 2 m，平均宽度为 6 m 的湿地进行水生植物群落重建，水生植物群落重建面积为：2 600 m×6 m= 15 600 m²。

其中，沉水植物面积：2 600 m×2 m =5 200 m²；挺水植物面积：2 600 m×4 m =10 400 m²。

⑤对示范区内辽河干流和东、西辽河 6 km 岸坡进行生态整治，种植土著植物进行堤岸绿化，护岸 15 m 内种植香根草、苗马兰、泽兰、迎春花等草坪植被，60 m 内种植枫杨、灌木柳、杞柳构造防护林，绿化面积为：6 000 m×60 m =36 万 m²。

其中，草坪植被面积：6 000 m×15 m =9 万 m²；防护林面积：6 000 m×45 m =27 万 m²。

4.4.3 福德店至三河下拉段水质强化净化工程

（1）工程简介。福德店至三河下拉段辽河干流长约 38 km，该河段水质强化净化工程建设以沿岸重点区段非点源污染阻控与保持辽河干流源头区水质为目标，重点建设水质强化滨河湿地、沙洲湿地、生态护岸。

滨河湿地与生态护岸建设工程地点选择在辽河干流金家坨子、朱家坨子、刘家坨站、后九间房、京四高速公路桥等河段。湿地工程建设总面积约 2.85 km²，植被缓冲带建设 22 km。部分河段 2010 年现状如图 4-6 至图 4-8 所示。

图 4-6　金家坨子河段现状（2010 年 10 月）

图 4-7　朱家坨子河段现状（2010 年 10 月）

图 4-8　后九间房河段现状（2010 年 10 月）

（2）工程设计。工程设计目标：福德店至三河下拉段水质强化净化工程在沿岸非点源污染阻控基础上，进一步去除污染物，实现辽河干流源头区出水水质指标达到Ⅳ类地表水质量标准，即 COD 降至 30 mg/L 以下，氨氮降至 1.5 mg/L 以下。

福德店至三河下拉段非点源污染阻控与水质强化净化工程设计内容包括：重点段河道生态清淤、河滩湿地建设、干流河岸植被缓冲带污染阻控工程。

在辽河干流福德店至三河下拉段的金家坨子、朱家坨子、刘家坨站、后九间房、京四高速公路桥河段，选择面积较大、地势较平的河滩地，建设河滩浅水体湿地，并修建宽 5～10 m 的连通渠，将辽河干流水引入，深度具体根据现有河道水深设定，形成河滩湿地的水系流动，建成后达到丰水期全部淹没、平水期连通渠水流畅通、枯水期连通渠断流的效果，连通的湿地系统进一步削减河内污染负荷，使水质得到改善。河滩湿地建设总面积约为 2.85 km²。湿地种植植物以芦苇、蒲草为主。

在辽河干流沿河建设 22 km 的植被缓冲带，利用河岸带植被的河岸截留净化措施，阻控并净化沿河岸进入河道的污染源，如降雨径流面源污染，接入河岸的农田排水和经过处理的生活污水等。综合考虑各目标，建议河流两岸的缓冲带宽度至少为 10 m。采用当地常见的耐旱、耐湿灌木和草本。靠近岸线种植防护林，采用当地常见柳树。

（3）工程量计算。

① 重点段河道清淤，长度为 5.5 km，清淤厚度平均为 0.4 m，清淤段河宽平均为 100 m，清淤土方量为：5 500 m×0.4 m×100 m = 22 万 m³。

② 河滩湿地建设，河滩湿地建设总面积约为 2.85 km²，平均土方开挖深度为 0.6 m，土方量为：2 850 000 m²×0.6 m = 171 万 m³。

③ 河滩湿地植物种植，主要栽培芦苇、蒲草，种植面积为 2.85 km²。

④ 沿河建设 22 km 的植被缓冲带，两岸缓冲带的宽度平均为 10 m，工程量和植物种植量为：

湿生植物面积：22 000 m×3 m×2= 13.2 万 m²；

草坪植被面积：22 000 m×2.5 m×2= 11 万 m²；

岸边防护林面积：22 000 m×10 m×2=44 万 m²。

4.4.4　三河下拉重点区水质强化净化工程

（1）工程简介。三河下拉中的三河是指康平县境内的公河、八家子河、李家河 3 条河流，3 条河在郝官屯镇刘屯村老山头合并，流经 6.5 km 后在青龙山附近汇入辽河。该段河道宽 70 m 左右，水面宽 20 m。

三河下拉重点区水质强化净化工程位于康平县青龙山断面入河口处至上游 1.5 km 河道岸边坡地及河口滩地，设计总占地面积 37.2 万 m²，其中河口湿地 8.6 万 m²，滨河湿地带 28.6 万 m²。三河下拉河口人工湿地位置如图 4-9 所示，从河口上溯 6～10 km，湿地中心位置在北纬 42.676 830°，东经 123.572 727°。三河下拉重点区水质强化净化工程位置图及现状照片如图 4-9、图 4-10 所示。

（2）工程设计。工程设计目标：三河下拉重点区水质强化净化工程通过生态清淤、建设河口人工湿地等措施，强化净化三河下拉水质，实现三河下拉段出水水质指标达到 Ⅴ类地表水质量标准，即 COD 降至 40 mg/L 以下，氨氮降至 2 mg/L 以下。

三河下拉河口湿地工程采用自由表面流人工湿地，利用河口的滩地营建湿地缓冲带，对汇入辽河的支流河水进行净化，同时带动水生态恢复。湿地植被选择以芦苇、香蒲等为主，水力停留时间 5 天，出水 COD 降至 40 mg/L 以下，氨氮降至 2 mg/L 以下。

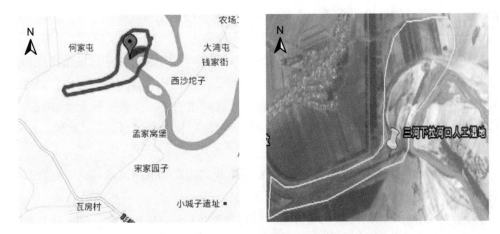

图 4-9　三河下拉水生态示范工程位置图

图 4-10　三河下拉河口现状（2010 年 10 月）

对长度为 6.5 km 的三河下拉及汇入口河段河底沉积污染物较多的表层进行清理，清淤平均深度为 0.5 m，清淤宽度平均为 100 m，清淤土方量为 32.5 万 m³。通过清淤去除底质污染负荷，为水质改善奠定基础。

对示范区设计范围内的 6.5 km 河道岸边坡地及河口滩地进行场地平整，根据河滩地位置和高度，对示范区地势较高、且不能全部平整为回水淹没区的河滩地用推土机或铲运机平整，引入河水。平整河滩地宽度平均为 350 m。

设计在该区域辽河主河槽上修建一座橡胶潜坝，坝高 2.0 m，坝长 60 m，回水长度 7 km，形成生态蓄水面约 50 万 m²，蓄水量达到 100 m³，为河口湿地建设提供生态蓄水量和水位保障。

三河下拉重点区水质强化净化工程平面布置图与工程效果如图 4-11 与图 4-12 所示。

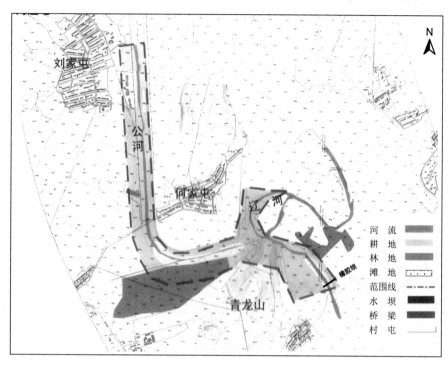

图 4-11　三河下拉重点区水质强化净化工程平面布置图

图 4-12　三河下拉重点区水质强化净化工程效果图

（3）工程量计算。

① 河道清淤长度为 6.5 km，清淤厚度平均为 0.5 m，清淤段河宽平均为 100 m，清淤土方量为：6 500 m×0.5 m×100 m = 32.5 万 m³。

② 平整河滩地长度为 6.5 km，平整河滩地宽度平均为 350 m，种植亲水植物，构建滨河湿地，平整河滩地面积为：6 500 m×350 m = 227.5 万 m²。

③ 橡胶潜坝建设坝高 2 m，坝长 60 m，坝宽平均 4.0 m，建设工程量为：2 m×60 m×4.0 m =480 m³。

④ 对长度为 6.5 km 河段两侧水位小于 2 m，平均宽度为 12 m 的湿地进行水生植物群落重建，水生植物群落重建面积为：6 500 m×12 m=7.8 万 m²。

其中，沉水植物面积：6 500 m×2 m =1.3 万 m²；挺水植物面积：6 500 m×10 m = 6.5 万 m²。

4.5 七星山污染控制与水质强化净化建设项目

4.5.1 项目介绍

七星山污染控制与水质强化净化项目范围为七星山橡胶坝下游 1 km 至石佛寺水库，长约 14 km，两堤之间的滩地占地面积 23.3 km²。在建橡胶坝一座，坝高 2.5 m，坝长 164 m，回水长 7.9 km，水面面积 1 500 亩，蓄水量 200 万 m³（图 4-13）。污染控制与水质强化净化项目主要内容为种植植物污染阻控带，新建、扩建坑塘，种植水生、湿生植物，维持石佛寺水库出水水质，减少沿河非点源污染，使河水 COD 浓度小于 30 mg/L，氨氮浓度小于 2 mg/L。

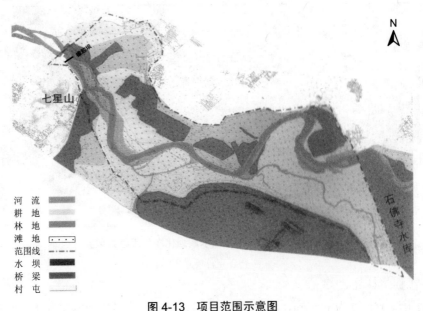

图 4-13 项目范围示意图

4.5.2　项目设计总体思路

根据建设项目的地理条件和自然条件，七星山污染控制与水质强化净化项目为三部分：沈康高速公路桥污染控制工程、坑塘湿地群污染控制工程以及七星山橡胶坝回水段湿地水质强化净化控制工程。

4.5.3　沈康高速公路桥污染控制工程项目

4.5.3.1　项目介绍

沈康高速公路桥生态恢复工程位于石佛寺水库下游 1 km 处，沈康高速公路桥下方，如图 4-14 所示。

图 4-14　沈康高速公路桥生态恢复工程位置示意图

工程主体布局包括在对河道进行清淤的基础上构建生态河道，扩建河流左右两岸原有坑塘，新建坑塘，修建连通渠，构建坑塘湿地群，强化石佛寺水库出水水质（图 4-15）。

4.5.3.2　河道清淤及生态河道工程

（1）生态河道原理。生态河道是人工物化的、非自然原生态的、相对贴近自然并体现人与自然和谐共处的水利工程，它是以安全性、可靠性、经济性为基础和前提，以满足资源、环境的可持续发展和多功能开发为目标，逐步形成陆域草木丰茂、生物多样、自然野趣，水体鲜活流动、水质改善、水生物种互相依存的系统，并能达到自我净化、自我修复的水利工程。生态河道应具有以下几个特征：①是生态工程构建的近自然原生型河道；②充分体现人与自然生态的和谐；③具有物种多样性和本土化特征；④生态系统稳定和可持续发展；⑤具有河流自然美学价值；⑥具有满足人类社会合理要求的能力。

图4-15 沈康高速公路桥生态恢复工程效果图

（2）生态河道工程设计。

河道治理内容

治理范围主要为辽河沈康高速公路桥段，总长2 km左右，主要工程内容为清理河道、自然生态河道和河岸植被缓冲带建设。

工程总体布局主要包括河道生态清淤工程、修整河岸带、生态护坡。

河道治理工程

① 河道生态清淤。应对河底沉积污染物较多的表层进行清理，采用机械清淤，辅以人工整理。清淤宜在枯水期进行，以减少河水及地下水对施工的影响，施工中排水较多时，应当做导流墙，边排水边清淤，逐步达到原设计断面的要求。

另外，垃圾清理也应采用机械清理与人工清理相结合的原则，降低劳动强度。淤泥及垃圾应清捞上沿岸，再用车辆运至合适的地方堆放。

② 修整河岸带。将河水流经的河床部分修建成梯形坡，边坡比为1:2.5，对河岸带两边高低不平的地方进行填平压实。

③ 生态护坡。选择泥质护岸，两边走向，以常水位为界分为两大部分，其中常水位以上坡岸主要种植草坪植被、湿生植物等；常水位以下坡岸主要种植蒲草等沉水植物。

河岸平面区域种植乔木、灌木植物，选择物种时应考虑季节因素，展示不同季节植物景观特色，春天生机盎然，夏季郁郁葱葱，秋季万紫千红，冬季苍松翠柏，恢复生态堤岸。

4.5.3.3 坑塘湿地

根据建设地点的实际情况，选择适合的地点扩建、新建坑塘湿地，修建连通渠，使坑塘—坑塘、坑塘—河道之间形成连通水系，构建坑塘湿地群，建成后达到丰水期全部淹没、平水期连通渠水流畅通、枯水期连通渠断流的效果。

（1）扩建原有坑塘。在尽量保持原有坑塘湿地景观的基础上，对原有坑塘进行扩建，扩大坑塘的水面面积。湿地中种植的植被类型以土著种为主，包括水生、沼生、湿生和中生。

（2）新建坑塘。以河岸自然条件为基础，利用河流左岸挖沙形成的大坑，人工挖掘新的坑塘，将河水引入坑塘中，形成新的坑塘湿地；利用右岸细小支流的条件，人工挖掘坑塘，将河水引入坑塘中，形成新的坑塘湿地群。湿地中种植的植被类型以土著种为主，包括水生、沼生、湿生和中生。

（3）连通渠。为使坑与坑、坑与河道之间的水系流动，需要修建连通渠，以达到丰水期全部淹没、平水期连通渠水流畅通、枯水期连通渠断流的效果。

连通渠采用卵砾石铺底。将卵砾石以一定方式抛填于渠道中，厚度为 0.5 m 左右，铺满整个连通渠底部。卵砾石是适于微生物附着的良好介质，表面很快可长出厚厚的生物膜，连通渠底部铺石还可以有效地抑制底泥污染物的释放，同时，卵砾石和沉水植物结合的基质条件比较适合底栖动物的生长。其工程设计见图4-16。

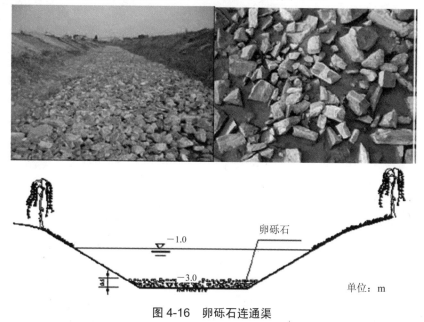

图4-16 卵砾石连通渠

（4）重建植物群落。由于建设项目位于沈康高速公路，因此，在选择植物时应尽量选用具有观赏价值的土著物种（图 4-17）。浮叶植物一般栽种睡莲、萍蓬草、芡实等；挺水植物一般栽植蒲草、水葱等；湿生植物一般栽植芦苇、苔草等；沉水植物一般栽种伊乐藻、金鱼藻等；沙质土壤则选择沙棘、沙拐枣等沙土植物；在无水区则栽植杞柳等灌木或多年生草本植物。

睡　莲　　　　　　　　　　　　　　　　沙　棘

图 4-17　湿地主要植物

4.5.3.4　工程量计算

（1）河道生态清淤。河道平均宽度 110 m，清淤厚度为 0.5 m，清淤长度为 2 km，清淤土方量为：2 000 m×110 m×0.5 m=11 万 m³。

（2）构建坑塘。扩建、新建坑塘总面积为 500 000 m²，坑塘平均深度为 2 m，开挖土方量为：500 000 m²×2 m=100 万 m³。

（3）连通渠。连通渠总长 1 km，平均宽度 10 m，深 1.5 m，开挖土方量为：1 000 m×10 m×1.5 m=1.5 万 m³。

卵砾石渠床所需碎石量：1 000 m×0.5 m×10 m=5 000 m³。

（4）生态护岸。

① 沉水植物：坡岸宽度为 2 m，面积=2 m×2 000 m×2=8 000 m²；

② 挺水植物：坡岸宽度为 2 m，面积=2 m×2 000 m×2=8 000 m²；

③ 湿生植物：坡岸宽度为 4 m，面积=4 m×2 000 m×2=1.6 万 m²。

（5）生态绿化。

① 浮叶植物总面积为 20 万 m²；

② 沙生植物总面积为 5 万 m²；

③ 草坪植被总面积为 40 万 m²；

④ 乔、灌木总面积为 35 万 m²。

4.5.4 坑塘湿地群污染控制工程

根据选择石佛寺水库到七星山范围内河岸边的自然条件，选择条件适合的地点建立坑塘或坑塘湿地群。坑塘位置如图 4-18 所示。坑塘湿地群的建立可以扩大水量，减少河流沿岸非点源污染对河流水质的影响，维系干流水质。

图 4-18　坑塘位置示意图

4.5.4.1 坑塘湿地群污染控制工程建设技术

（1）湿地位置选择。依据现有沙坑分布情况，选择沙坑集中区或干流两侧河漫滩，构建坑塘湿地或坑塘湿地群。

（2）湿地构建方法。结合辽河水系流向，通过坑塘—坑塘、坑塘—河道水系连通技术，形成辽河干流连水面。坑塘湿地水系连通后，需整治湿地下垫面，形成淹水深度不同的水生、沼生、湿生和中生的生境（图 4-19）。

（3）植被恢复。坑塘湿地植物选择以恢复土著种为主。坑塘湿地下垫面主要是沙质，植物恢复物种多选择沙生植物，如苦参、角蒿等，重污染区域坑塘湿地可搭配栽种控污植物，如芦苇、香蒲等。最大程度恢复坑塘湿地群的沉水、漂浮、挺水等植物种群。植被栽种主要选择坑塘湿地岸滩和沙心洲。

（4）水文调控与管理。坑塘湿地群水位调控十分重要，可通过橡胶坝调节和坑塘湿地群蓄水相结合，综合调控。

图 4-19　坑塘湿地群

4.5.4.2　工程量计算

（1）构建坑塘湿地：坑塘湿地总面积为 500 000 m²，平均深度为 2 m，开挖土方量为：500 000 m²×2 m=100 万 m³。

（2）连通渠：连通渠总长 2 km，平均宽度 10 m，深 1.5 m，开挖土方量为：2 000 m × 10 m×1.5 m=3 万 m³。

（3）卵砾石渠床所需碎石量：2 000 m×0.5 m×10 m=1 万 m³。

（4）生态护岸：

① 沉水植物：总面积为 28 万 m²；

② 挺水植物：总面积为 4 万 m²；

③ 湿生植物：总面积为 6 万 m²。

（5）生态绿化：

① 草坪植被：总面积为 8 万 m²；

② 沙生植物：总面积为 5 万 m²；

③ 污染阻控带：总面积为 12 万 m²。

4.5.5　七星山橡胶坝回水段湿地水质强化净化控制工程

4.5.5.1　项目介绍

七星山橡胶坝位于七星山附近，坝高 2.5 m，坝长 164 m，回水长 7.9 km，水面面积 1 500 亩，蓄水量 200 万 m³（图 4-20）。

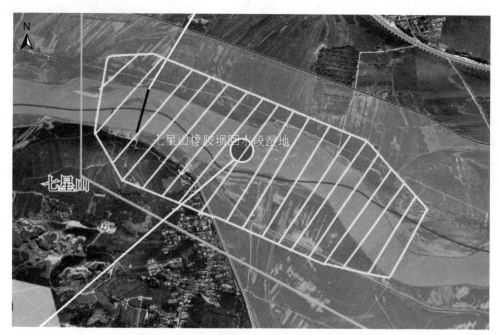

图 4-20　七星山橡胶坝回水段湿地水质强化净化控制工程位置示意图

工程总体布局包括对河道进行生态清淤，建立生态河道，淹没区域湿地自然恢复，土地退耕还林还草。对于坍塌、土壤侵蚀比较严重地区，进行岸边带修复，种植一年生草种，稳固堤坝，建立生态堤岸。根据自然条件，在适合的地点建立坑塘湿地，净化水质，使橡胶坝回水段湿地水质强化净化控制工程的出水水质优于Ⅳ类水质标准，效果图见图 4-21。

橡胶坝回水段湿地恢复技术路线：

（1）合理调整水位。以控制人工湿地水位为目的，调控水位。由于七星山橡胶坝高 2.5 m，调整水位一般不超过 2 m。

（2）平整河道及岸边侵蚀区。近坝体地区进行相应的土地平整和水泥土方加固。淹没区域进行湿地自然恢复，土地退耕还林还草。对于坍塌、土壤侵蚀比较严重地区，进行岸边带修复，种植一年生草种，稳固堤坝。

图 4-21　橡胶坝回水段湿地效果图

（3）恢复生态堤岸。将原有的硬质护岸改为生态护岸，泥质护岸，两边走向。以常水位为界分为两大部分，其中常水位以上坡岸主要种植草坪植被、湿生植物等；常水位以下坡岸主要种植蒲草等沉水植物。

河岸平面区域种植乔木、灌木植物，选择物种时应考虑季节因素，展示不同季节植物景观特色，恢复生态堤岸。

（4）恢复生境植被。淹没区域进行湿地自然恢复，土地退耕还林还草。浅水区种植挺水植物，如芦苇，香蒲等。在无水区则栽植灌木或多年生草本植物；沙质土壤则选择沙棘、沙拐枣等沙土植物（图 4-22）。

选择植物的原则

①乡土化和生物多样化：适地适树，乡土植物，种类繁多，突出重点；

②生态化和非园林化：从人工造林、人工维护逐步过渡到自然演替和野生状态，增加自然野趣，减少维护成本；

③群体效果：主干植物或者群落要有一定规模，避免杂乱无章；

④季相和林相：展示不同季节植物景观特色，春天生机盎然，夏季郁郁葱葱，秋季万紫千红，冬季苍松翠柏；

⑤林地为主，控制好乔木、灌木的比重；

⑥边缘地带的处理：林缘、水际、湿地等过渡性地带需要详细设计，兼顾生态需求、功能要求、审美要求。

具体设计

根据现场调查，香蒲喜暖，对土壤要求不严，生于河滩、湿润多水处，常成丛、成片生长；杞柳喜在上层深厚的沙壤土中生长，栽种方法简便易行，成活率高，见效快，综合考虑当地实际情况，香蒲、杞柳较为适宜当地生长。重点选择植物种类如下：

① 乔、灌木：杞柳、紫丁香；

② 草坪植被：结缕草；

③ 沙生植物：沙棘、沙拐枣；

④ 湿生植物：香蒲、芦苇、千屈菜；

⑤ 挺水植物：菖蒲、水葱；

⑥ 沉水植物：伊乐藻、金鱼藻。

杞　柳　　　　　　　　　　　　　紫丁香

图 4-22　湿地主要植物

4.5.5.2　工程量计算

（1）河道生态清淤：河道平均宽度 110 m，清淤厚度为 0.5 m，清淤长度为 7.9 km，清淤土方量为：7 900 m×110 m×0.5 m=43.45 万 m³。

（2）构建坑塘湿地：坑塘湿地总面积为 2 000 000 m²，平均深度为 2 m，开挖土方量为：2 000 000 m²×2 m=400 万 m³。

（3）连通渠：连通渠总长 4 km，平均宽度 10 m，深 1.5 m，开挖土方量为：4 000 m×10 m×1.5 m=6 万 m³；卵砾石渠床所需碎石量为：4 000 m×0.5 m×10 m=2 万 m³。

（4）生态护岸：

沉水植物：坡岸与坑塘共种植沉水植物总面积为 133.16 万 m²；

挺水植物：总面积为 11.16 万 m²；

湿生植物：总面积为 18.32 万 m²。

（5）生态绿化：

草坪植被：总面积为 100 万 m²；

沙生植物：总面积为 25 万 m²；

污染阻控带：总面积为 100 万 m²。

4.6 新调线污染控制与水质强化净化建设工程项目

4.6.1 工程总体理念

新调线水生态综合建设项目结合当地自然条件和历史条件，以实现人与河流和谐相处为指导思想，通过生态修复、景观营造来挖掘和提升河道的综合功能，充分体现"自然、生态、健康"一体的构思，打造"水清、岸绿、景美"的新景观，实现河道防洪的功能价值和水的可持续利用，建设一个健全、健康的河流生态系统，满足人们对景观高层次的精神需求。

4.6.2 哈大铁路桥坑塘湿地群污染控制工程

坑塘湿地是由挖沙后坑塘形成的。该类型湿地对缓解洪峰，增加保护区蓄水容量，强化水体污染控制具有重要的作用。

本工程通过坑—坑、坑—河水系连通技术，构建坑塘湿地群，形成辽河干流哈大铁路桥段连水面。坑塘湿地群植被以自然恢复为主，结合干流植被恢复规划，湿地植被类型以土著种为主，包括水生、沼生、湿生和中生。该湿地群可起到涵养水分和调节水量的作用，建成后湿地群内水质优于干流水质。在确保次生污染可控的前提下，坑塘可选择性进行渔业养殖，达到一定的经济效益。

4.6.2.1 工程设计

坑塘湿地群污染控制工程建设项目位于哈大铁路桥下游，地处辽宁省铁岭市调兵山市，项目所处位置如图 4-23 所示。针对项目区土壤、地形条件等自然条件和基础设施状况，在左岸构建坑塘湿地群，起到调控水资源、涵养地下水源、控制水体污染程度和改善水生态环境的作用。

本工程处于哈大铁路桥下游 2 km 范围内，建设 20 个坑塘湿地，共占地 40 万 m²。坑塘深 2 m，总蓄水地面积 30 万 m²。坑塘之间以连通渠贯通，连通渠总长 100 m，宽 10 m，深度为 1 m。

图 4-23 坑塘湿地群位置图

本工程项目主要建设内容包括：

① 改、扩建现有坑塘。充分利用原场地中自然形成的水塘、滩地等地形条件，保护原有湿地。对于规模较小的坑塘，通过改、扩建恢复湿地，滩地上种植水生、湿生植物、林木、花草，形成荷花塘、芦苇塘（图 4-24）。

图 4-24 坑塘湿地群

②新开挖坑塘。利用疏浚采砂建设人工坑塘湿地，既可发展地方经济建设，又可增加蓄水面积，调蓄洪峰，减轻下游防洪压力。同时利用开挖后的坑塘水面发展生态旅游和生态养殖业，增加区域生物及景观多样性，促进水环境改善和周边群众增收，可谓一举多得。

③贯通河道内坑塘。坑塘之间以连通渠方式贯通。通过坑—坑、坑—河水系连通技术，形成辽河干流连水面。通过植物措施，在河道滩地、塘间滩地栽植灌木（或多年生草本植物）及菖蒲、芦苇等亲水植物，起到污染控制、水质改善、防风固沙、稳定河势的作用。

坑塘护岸 3 m 内种植草坪植被，5 m 内构造防护林。选用土著物种进行坑塘湿地水生植物群落的重建，绿化植物主要包括林木、乔木、灌木、草坪、花卉等。选定的沉水植物为伊乐藻、菹草、金鱼藻，挺水植物为菖蒲、水葱、千屈菜，草坪植物为结缕草，塘堤植物选择垂柳或枫杨。

所采用的技术路线如图 4-25 所示。

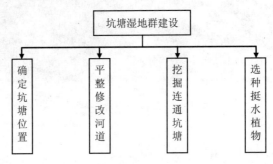

图 4-25　坑塘湿地群建设技术路线

4.6.2.2　工程量计算

（1）开挖土方量：300 000 m² × 2 m + 100 m × 10 m × 1 m × 20 = 62 万 m³。

（2）生态护岸：

沉水植物面积为：300 000 m² × 4/5 = 24 万 m²；

挺水植物面积为：300 000 m² × 1/5 = 6 万 m²；

湿生植物面积：（400 000 m² − 300 000 m² − 20 000 m²）× 1/5 = 1.6 万 m²。

（3）生态绿化：

草坪植被面积：（400 000 m² − 300 000 m² − 20 000 m²）× 1/3 = 2.67 万 m²；

沙生植物面积：（400 000 m² − 300 000 m² − 20 000 m²）× 1/2 = 4 万 m²；

塘堤植物面积为 6.8 万 m²。

4.6.3 哈大铁路桥堤岸防护林污染阻控工程

4.6.3.1 工程设计

工程实施范围在哈大铁路桥附近右堤岸 2 km 处，包括绿化带、斜坡及平台上。主要是结合该段防洪工程建设，通过绿植栽培对右堤岸进行绿化，构建污染阻控防护林，达到河流干流水质改善的目的。通过沿河生态环境的建设，也可达到筑堤护岸固坝、防止水土流失、影响铁路桥安全性的目的。

（1）遵循原则。绿化美化工程需遵从以下几个原则：

首先要符合水土保持和水体污染阻控的目标，提高植被覆盖度，改善生态环境，沿河河道右堤岸的裸露地表恢复植被覆盖率达到 95%以上，使工程达到完全的保护目标。

其次，植物措施与其他主体工程设计相配合，充分考虑本工程的特点，统一规划，做到快速覆盖，提高成活率。

最后，要合理布局，选择和配置合适的草种、树种。

（2）建设内容：

① 对现有堤岸进行整理和改造。包括河堤整治、岸坡修复和河岸防护等工程。堤顶滩地要平整，河堤边坡种植发达根系固土植物进行绿化，水系周边种植水生植物，效果图见图 4-26。

图 4-26　堤岸防护林建设效果图

② 堤岸边种树，构建植物防护林污染阻控带。通过种草种树，选择常绿与落叶、针叶与阔叶、乔木与灌木、观花与赏叶植物组合配置，增加堤岸地表植被覆盖度，能起到减少堤岸径流冲刷、发挥土壤蓄水能力、增强水质净化能力、促进堤岸生态系统良性循环、提高入河水质质量等作用。护岸 50 m 内构造植物防护林污染阻控带，总面积为

50 000 m²。堤内林地对增强景观类型多样性起到重要作用，也为鸟、兽类的栖息和隐蔽提供重要的场地。

对于防护林植物的选择，尽量全部采用乡土物种。护堤林树种为白榆、水蜡、杨树和柳树。斜坡植物为灌木柳、杞柳、滨海、黑麦草、高羊茅、狗牙根、香根草、苗马兰、泽兰、迎春花等。

4.6.3.2 工程量计算

（1）生态护岸：

① 沉水植物：种植在标高 2.0 m 以下，坡岸宽度为 1 m 的区域，面积=1 m×2 000 m=2 000 m²；

② 挺水植物：种植在标高 2.0～2.7 m 的坡岸上，坡岸宽度为 1 m，面积=1 m×2 000 m=2 000 m²；

③ 湿生植物：种植在标高 2.7～3.75 m 的坡岸上，坡岸宽度为 1 m，面积=1 m×2 000 m=2 000 m²。

（2）生态绿化：

① 草坪植被：种植在标高 3.75 m 以上的坡岸上，坡岸宽度为 3 m，面积=3 m×2 000 m=6 000 m²；

② 沙生植物面积：2 000 m×5 m=1 万 m²；

③ 绿化土：覆盖在标高 2.7 m 以上的坡岸上，坡岸宽度为 4.11 m，所需量=4.11 m×2 000 m²=8 220 m³；

④ 河堤防护林面积为 5 万 m²。

4.6.4 沙山子生态水面水质维系工程

针对辽河干流目前存在的干旱缺水、河道断流、生态水面缺少、土壤荒漠化、水质污染、植物成活率偏低、生态治理效果不明显等问题，为进一步改善辽河干流河道生态环境，加快辽河干流河道生态工程建设，实现将辽河建设成生态河道的目标，在沙山子附近修建生态水面水质维系工程和湖堤植物污染阻控工程。

4.6.4.1 工程设计

本工程范围为沙山子附近滩地，在左岸管理路与主堤防之间开挖，形成人工湖－沙山子生态蓄水湖（图4-27）。水域面积 1 800 亩（合 120 万 m²），最大开挖深度 4.45 m，平均开挖深度 2 m，水深 1.5 m，人工湖边界距管理路 50～80 m。湖内护岸采用生态护岸，湖内开挖坡度为 1∶3。

图 4-27 沙山子生态蓄水湖位置图

湖堤植物污染阻控工程。湖堤植物污染阻控工程包括湿地水生植物区、护堤林带和自然恢复区。

在蓄水湖堤岸 5 m 以内的范围构造湿地水生植物区，低洼湿地栽植挺水植物和湿生植物（芦苇和香蒲）。在蓄水湖堤岸 5～10 m 范围内栽植垂柳，形成护堤林带，护堤林树种采用 3 年生垂柳。垂柳耐水能力强，在遭受水淹时能生出许多不定根漂浮水中，行使吸收和运输养分的机能。树生长快，萌芽力强，寿命长，并且对空气污染及尘埃的抵抗力强，适合用做湿地处的堤防护堤林。选择不利于水生植物生长的地块作为自然恢复区，使野生植物自然生长，恢复自然生态，开种植杭子梢、苦参等沙生植物（图 4-28）。

图 4-28 人工蓄水湖生态湿地

4.6.4.2 工程量计算

（1）开挖土方量为：1 200 000 m² × 2 m=240 万 m³。

（2）重建水生植物群落：

① 挺水植物面积：1 200 000 m² × 1/5=24 万 m²；

② 湿生植物面积为 60 万 m²，沙生植物面积为 60 万 m²，湖堤植物面积为 120 万 m²。

4.6.5 新调线公路桥橡胶坝水质强化净化工程

新调线公路桥下新建成的橡胶坝，使其上游产生一个 6.9 km 的回水段水面。起到缓冲洪水、干旱等由降雨引起的水资源分配不均，保护自然湿地的目的。同时，为构建和恢复湿地提供充足的水资源保证。在回水段湿地中构建沙心洲，为动植物提供良好生境，对于恢复生物多样性和保护河流湿地具有重要意义。本工程在橡胶坝左岸的新调线公路桥两侧 1.2 km 的内滩地，开挖人工湖，在橡胶坝上游的回水段建设生态湿地。这一生态工程建设不仅在一定程度上可有效地抑制水土流失，同时可起到水质强化净化的效果。

4.6.5.1 工程设计

（1）回水段湿地水质强化净化工程设计。本工程位于新调线公路桥橡胶坝上游处左岸，具体位置参见图 4-29。主要进行如下设计：

① 对部分河道进行整治，在近堤坝地区进行相应的土地平整和水泥土方加固；

② 在沙坑地区采用水利连通的方法，保持河流连续性；

③ 控制湿地水位，在坑塘湿地进行水系连通，保持河流连续；

④ 在淹没区域进行湿地自然恢复，土地退耕还林还草，在水库的库容区范围内进行湿地封育；

⑤ 通过植物措施，在河道浅水区、浅滩、湿地及水边栽植菖蒲、芦苇等亲水植物，在河槽岸坡和岸边滩地栽植灌木（或多年生草本植物），起到改善水质、防风固沙、稳定河势的作用。

根据现场调查和业主推荐：香蒲喜暖，对土壤要求不严，生于河滩、湿润多水处，常成丛、成片生长；杞柳喜在上层深厚的沙壤土中生长，栽种方法简便易行，成活率高，见效快，综合考虑当地实际情况，香蒲、杞柳较为适宜当地生长。本工程项目重点选择植物种类如下：

① 乔木：垂柳、火炬树、果树（山楂、苹果等）；

② 花灌木：杞柳、红瑞木、紫穗槐、东北珍珠梅、柳叶绣线菊；

③ 地被植物：野花组合、狗牙根、狼尾草、狗尾草、白茅、冰草；

④ 湿生植物：芦苇、象草、千屈菜、香蒲、茭白、慈菇。

图 4-29　新调线公路桥闸坝回水段位置图

（2）人工湖生态水面水质维系工程设计。本工程在橡胶坝左岸的新调线公路桥两侧
1.2 km 的内滩地建设人工湿地，在湿地开挖两个人工湖，两湖紧密相连，水域面积分别为
8.71 万 m^2 和 8.26 万 m^2，最大开挖深度 4.62 m，水深 1.5 m 左右。中央各有一月牙形人工
岛，远远望去两个岛的交相辉映，衬托整个生态景观熠熠生辉（图 4-30）。人工湖的建立在
一定程度上可解决缺少生态水面、土壤荒漠化等问题，进一步改善河道内的生态环境。

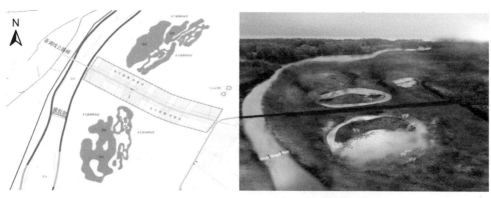

图 4-30　人工湖生态水面水质维系工程效果图

取水方案：①当地地下水位为现河水位，人工湖依托地下水蓄水。②在湖与湖之间、湿地与湖之间、湿地与湿地之间挖引水沟渠，最终从辽河河道上游取水。

本工程不仅可改善生态环境，而且一定程度上也可解决周边环境居民生产、生活用水问题。

4.6.5.2 工程量计算

（1）土方开挖量为 230.21 万 m^3。

（2）生态护岸：

①沉水植物面积：（87 100+82 600）m^2×4/5=13.576 万 m^2；

②挺水植物面积：（87 100+82 600）m^2×1/5=3.394 万 m^2；

③湿生植物面积：6 900 m×3 m+5 000 m^2=2.57 万 m^2。

（3）生态绿化：

①草坪植被面积：6 900 m×5 m+5 000 m^2=3.95 万 m^2；

②沙生植物面积：6 900 m×3 m =2.07 万 m^2；

③塘堤植物面积：6 900 m×5 m =3.9 万 m^2。

4.6.6 长沟子河口人工湿地污染控制工程

长沟子河两岸区域大部分为非城市化地区，无雨污水排水系统，污水排放主要依靠土壤自然渗透地下或就近排入河道，造成该区域水体环境恶化，河口区的水体污染比较严重，影响辽河干流的总体水质。为了更好地进行污染控制，改善辽河干流水体质量，本工程对长沟子河口区进行水质强化净化，以减轻辽河干流的污染负荷。工程实施后，可使进入辽河干流的水质达到地表水排放IV类标准。

4.6.6.1 工程设计

（1）河岸植被污染截留净化工程。本工程充分利用河岸，沿河构建 5 km 的河岸植被缓冲带，对这部分入河污染物进行截留净化。缓冲带的宽度为 50 m，采用当地常见的耐旱、耐湿灌木和草本。靠近岸线种植防护林，采用当地常见柳树。

（2）人工湿地污染控制工程。针对本工程的特点，选择长沟子河口区，建设宽 100 m，深 0.8 m，长 4 km 的表面流人工湿地，处理水量约 4 万 m^3/d。该段人工湿地建成后，其出水水质将达到地表IV类水质标准。

在人工湿地可种植多种类的水生植物：挺水植物有芦苇、水葱及香蒲等（图 4-31）；沉水植物有黑藻、金鱼藻及马来眼子菜等；浮水植物可选择凤眼莲、睡莲及菱角等。

香 蒲

芦 苇

图 4-31　湿地植物——香蒲、芦苇

4.6.6.2　工程量计算

（1）填埋与开挖土方量：4 000 m×100 m=40 万 m²。
（2）生态护岸、生态绿化：
① 湿生植物面积：5 000 m×3 m×2=3 万 m²；
② 草坪植被面积（该斜坡长度为 3 m）：5 000 m×3 m×2=3 万 m²；
③ 岸边防护林面积：5 000 m×50 m=25 万 m²。

4.7　毓宝台污染控制与水质强化净化工程

4.7.1　项目介绍

对辽河干流巨流河桥下 0.8 km 至毓宝台桥上 3.6 km 之间约 13 km 河段进行综合整治，以达到辽河干流巨流河—毓宝台段河道水质及景观的明显改善，保证辽河干流毓宝台水质 COD 浓度小于 30 mg/L，氨氮浓度小于 1.5 mg/L。主要建设工程包括 13 km 段生态河道恢复工程、巨流河—毓宝台段湿地网建设工程、毓宝台污染综合阻控工程等。工艺流程如图 4-32 所示。

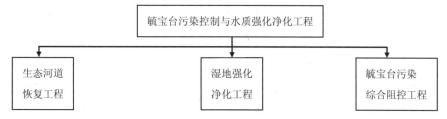

图 4-32　毓宝台污染控制与水质强化净化工程工艺流程图

4.7.2 生态河道恢复工程

4.7.2.1 河道治理内容

本次河道整治的目的主要就是通过生态河床和河道的工程建设，实现辽河干流水质稳定，减少入辽河干流污染物负荷，支撑建设生态健康河流（图 4-33）。

治理范围包括辽河干流巨流河橡胶坝至毓宝台大桥间 13 km 河段。平均河宽 200 m，河流比降 0.19‰。

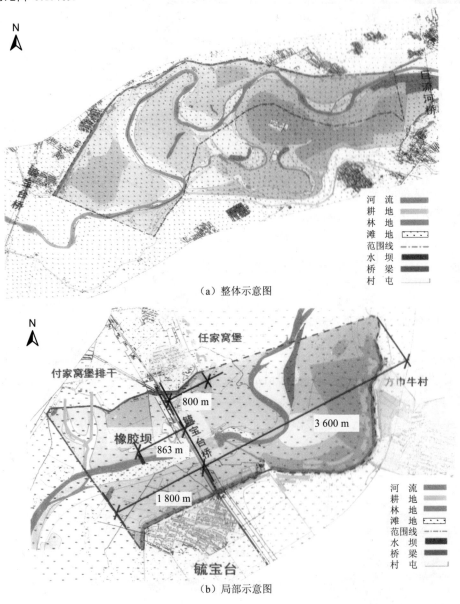

（a）整体示意图

（b）局部示意图

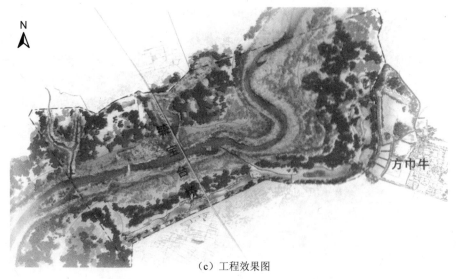

（c）工程效果图

图 4-33　巨流河—毓宝台河道治理工程示意图

4.7.2.2　河道整治工程设计

巨流河—毓宝台段河道两岸滩地已全部收回，有条件建设生态型河道（图 4-34、图 4-35）。按照该段 5 年一遇洪峰量 2 729 m³/s 设计。根据如下公式计算：

$$v = Q/(B \cdot V) \tag{4-1}$$

$$v = \frac{1}{n} R^{\frac{2}{3}} i^{\frac{1}{2}} \tag{4-2}$$

式中：v —— 最大流速，m/s；

$\quad\quad B$ —— 主槽宽度，m；

$\quad\quad Q$ —— 最大流量，m³/s；

$\quad\quad R$ —— 水力半径，m；

$\quad\quad i$ —— 坡降；

$\quad\quad n$ —— 糙率。

主槽宽度 B 平均为 200 m，最大洪峰流量 Q 为 2 729 m³/s，通过以上两式的相互校正，推算出流速为 2.69 m/s。洪水位为 3.10 m。边坡按 1∶2.5 计算，由此导出河床上口宽为 220 m。常水位宽为 300 m，水深 2.23 m。

整体来讲，生态护岸以常水位 2.23 m 为界分为两大部分，其中常水位 2.23～4.0 m 标高坡顶主要种植草坪植被、湿生植物等；常水位 2.23 m 以下坡岸主要种植沉水植物。水生植物以河流水体常见种类为主（图 4-34，图 4-35）。在不同高程植物配置如下：

（1）标高 3.10～4.0 m 处坡岸为泥质护岸，土体下部压实平整，上面覆盖有种植土，土层厚度 0.15～0.20 m，有机质含量在 8%～10%，pH 6.0～7.0，岸坡种植草坪植被，与标高 4.0 m 河岸平面区域的绿化相呼应。植物种类为常见木本种类，注意树种搭配合理。

（2）标高 2.23～3.10 m 正常水位坡岸为泥质护岸，土体下部压实平整，上面覆盖有种植土，土层厚度 0.15～0.20 m，有机质含量在 8%～10%，pH 6.0～7.0，其上种植湿生植物与沼生植物护坡。种植植物如芦苇、单叶苔草、糙叶苔草等，栽种密度为 10 株/m^2。

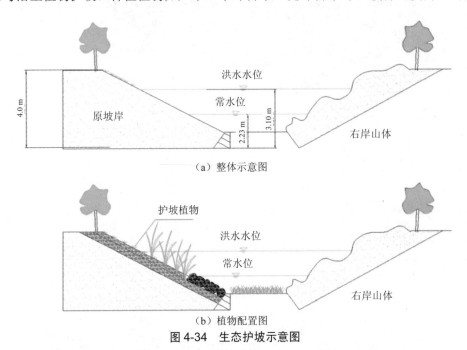

（a）整体示意图

（b）植物配置图

图 4-34　生态护坡示意图

（a）秋季效果图

（b）夏季效果图

图 4-35 生态护坡案例

（3）标高 2.23 m 以下，采取抛石护岸。在水深为透明度 2.5 倍以内的河底，因地制宜，种植适应当地条件、生长繁殖迅速、有利物质输出，并有一定利用价值的沉水植物，如伊乐藻、菹草、金鱼藻等，根据河道水文、地质条件进行优选。沉水植物沿河道两侧各种植一列（列宽约 1 m），植株密度大约为每平方米水面 5 束。采用种苗抛撒法，通过植物无性繁殖，形成群落长期的维持机制。

4.7.2.3 河岸植被缓冲带

沿河左岸建设植被缓冲带的宽度为 20 m，采用当地常见的耐旱、耐湿灌木和草本植物。靠近岸线种植防护林，采用当地常见杞柳。

4.7.2.4 工程量计算

（1）河道清淤长度为 13 km，清淤厚度平均为 0.5 m，清淤段河宽平均为 100 m，清淤土方量：13 000 m×0.5 m×100 m =65 万 m³。

（2）平整河滩地长度为 13 km，平整河滩地宽度平均为 350 m，种植亲水植物，构建滨河湿地，平整河滩地面积：13 000 m×350 m =455 万 m²。

（3）护坡石：1/3×7.5 m×13 000 m×3 m=9.75 万 m³。

（4）泥质护岸：（4.0 m−2.23 m）×13 000 m×2 m=4.602 万 m³。

（5）生态护岸：

① 沉水植物面积：200 m×13 000 m=260 万 m³；

② 挺水植物面积：根据计算，该斜坡长度为 3.05 m，挺水植物面积 13 000 m×3.05 m=3.965 万 m²；

③ 湿生植物面积：13 000 m×3.05 m×2=3.965 万 m²。

（6）生态绿化：

① 草坪植被面积：该斜坡长度为 2.42 m，草坪植被面积 13 000 m×2.42 m×2=6.292 万 m²；

② 岸边防护林面积：13 000 m×20 m=26 万 m²。

4.7.3 牛轭湖湿地强化净化工程

4.7.3.1 工程简介

辽河作为平原型河流，水位较低，自然水文条件不能为人工湿地建立和运行提供较高水位，自然湿地需要大量水资源来维持生态系统平衡，可见辽河保护区人工湿地建设、自然湿地封育均与河流水位的变化息息相关。合理利用橡胶坝，使得水位提升以后，对于岸边带湿地、滩涂湿地的自然恢复，将提供充足的水资源，而其本身不仅不阻挡原来河道泄洪作用，同时还可以减少泥沙沉积且对水资源利用大有益处。

巨流河橡胶坝：巨流河段湿地类型主要有人工湿地、自然湿地和牛轭湖湿地。建设橡胶坝的主要目的是调控水位。橡胶坝中心位置在北纬 42.009434°，东经 122.944005°。最远牛轭湖湿地距离坝体 15 km，平均坡度−1.0%，高差 2 m；最近牛轭湖湿地距坝体 2 km，平均坡度−1.4%，最高高差 2 m。由于河道较为平坦，坝体运行水位建议在 2 m，空出湿地中间最高处，成为新的栖息地。另外，根据 30 年一遇洪水水位和 5 年一遇洪水水位显示，两者高差为 1.3 m。因此，建议 5 年一遇洪水时，可以保持运行水位，保持河道原形；30 年一遇洪水时，可选择降低坝体水位泄洪。

毓宝台橡胶坝：该区域湿地类型主要为河口人工湿地、牛轭湖自然湿地和鱼塘。橡胶坝中心位置在北纬 41.908880°，东经 122.888404°。最靠近坝体自然湿地为 1 km，高差 1 m；较为远处，距离为 6 km，高差 2 m，平均坡度为−1.0%；周围民居与河道高差 3 m。为保证自然河道需水，建议坝体运行水位为 2 m，保证正常运行。另外，根据 30 年一遇洪水水位和 5 年一遇洪水水位显示，两者高差为 1.3 m。因此，建议 5 年一遇洪水时，可以保持运行水位，保持河道原形；30 年一遇洪水时，可选择降低坝体水位泄洪。由于渔村距离河道较为远，且高差为 3 m，对鱼塘应该进行水系连通，并与运行水位后的河道进行进一步连通。2015 年进一步升高水位至坝体，提高至 3 m 运行即可，使河道成为典型河流型湿地。

牛轭湖是弯曲河道因弯曲过度发生裁弯取直，原来的河道被废弃所留下的部分。辽河河道蜿蜒曲折，汛期径流量大，河道淤积十分严重，致使弯曲的河道容易改道形成大量的牛轭湖，如图 4-36、图 4-37 所示。辽河干流牛轭湖的分布特点与泥沙淤积相似。牛轭湖形成后，由于水量不足尤其是非汛期，致使河道湿地的面积萎缩、破碎化程度加剧、自然植被退化、动物的栖息环境恶化，变成荒弃河滩。

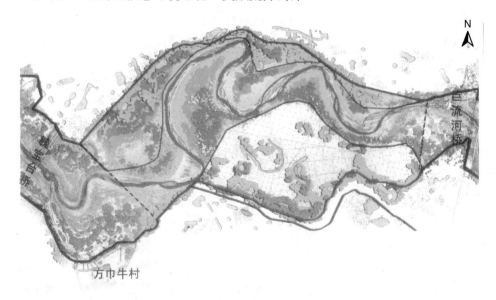

图 4-36　牛轭湖湿地强化净化工程

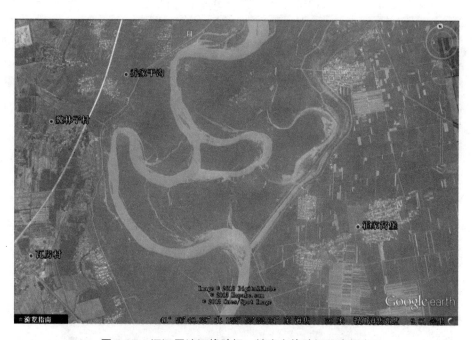

图 4-37　辽河巨流河橡胶坝—毓宝台橡胶坝段牛轭湖

　　牛轭湖因泥沙淤积会形成坡度较缓的滩面，有成为湿地的先天条件。在巨流河—毓宝台间有构建牛轭湖湿地进行水质强化净化的先天条件。该段工程设计构建面积

36.93 km² 的大型牛轭湖自然湿地。以牛轭湖原始河道的自然态势为基础,利用已建成的河道蓄水工程并辅以下界面修整等措施形成具有水生、沼生、湿生、中生等动植物多重生存空间的湖泊湿地生境类型。通过水利保障和水生植物恢复引导牛轭湖重新形成生物链完整、系统稳定和自我恢复的牛轭湖自然湿地生态系统。牛轭湖自然湿地与辽河干流的河口人工湿地、坑塘湿地、库塘湿地通过水系连通形成错落有致、结构功能多样的湿地网络,增强辽河水体自净能力,改善河流水质,同时发挥其水源涵养、调洪蓄洪、气候调节等多重作用。

4.7.3.2 工程设计

巨流河橡胶坝—毓宝台橡胶坝段的牛轭湖形成十分典型(图 4-38),橡胶坝间距离仅 11 km,水利控制条件较好,计划在此段通过下界面修整、植被恢复和水利调控建设 36.93 km² 的大型牛轭湖自然湿地,形成具有明水面、深水区、浅水区、湿生、沼生、中生等多种生境,通过水生植被的恢复引导鱼、虾等水生动物群体的恢复,重新形成生物链完整、系统稳定和自我恢复的大型牛轭湖自然湿地。通过水利对牛轭湖湿地中心区的封育,为大型水生动物和鸟类提供没有人为干扰的良好栖息地,使其在中心区自由地栖息繁殖,实现生物多样性、景观多样性和生态服务多样性。

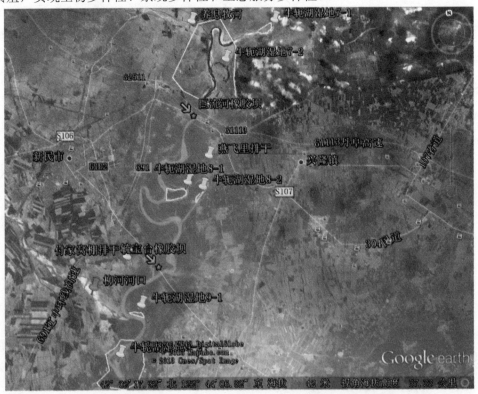

图 4-38 巨流河橡胶坝—毓宝台橡胶坝段牛轭湖湿地规划图

在具体植物种类选择上建议根据生境条件变化，按水位梯度，主要采用以下几种（图 4-39）：

（1）明水面植被：水位大于 1 m，主要包括坑塘湿地、牛轭湖等形成的明水面。以沉水植物和漂浮植物为主。建议采用种类为：莲、布袋莲、浮萍、满江红属、大萍、槐叶萍等。

水位深度 0.5～1 m：以挺水植物、沉水植物和漂浮植物为主。建议采用种类为：香蒲、茭白、苦草、金鱼藻、狐尾藻、黑藻、布袋莲、浮萍、满江红属、大萍、槐叶萍等。

水位深度 0～0.5 m：以沼生植物为主。建议采用种类为：野大豆、水蓼、红蓼、沼生酸模、和尚菜、东方泽泻、翼果苔草、莎草、荸荠等。

（2）湿生植被：无明显水面，土壤含水率高。物种选择建议以土著种为主：芦苇、水蓼、红蓼、北重楼、野大豆、白屈菜、沼生酸模、红升麻、水杨梅、野火球、水金凤、黄海棠、鸡腿堇菜、胭脂花、薄荷、蓝萼香茶菜、华水苏、林茜草、透骨草、日本续断、裂瓜属、欧亚旋覆花、火绒草等。

（3）沙生植被：以上各种类型湿地建成后，由于水位升高，会形成沙心洲、河心洲等，植物种类选择以湿生植物为主。建议采用种类为：杭子梢、苦参、牻牛儿苗、野西瓜苗、狼毒、蓝萼香茶菜、黄芩、华水苏、小米草、松蒿、角蒿、山柳菊、欧亚旋覆花、白苞筋骨草等。

（4）堤岸灌木：建议采用种类为：北五味子、野大豆、翠雀、蝙蝠葛、野西瓜苗、沙棘、鸢尾等。

红 蓼　　　　　　　　　　　　　　　水 蓼

图 4-39　湿地植物景观

4.7.3.3 工程量计算

（1）废弃河道清淤长度为 4 km，清淤厚度平均为 0.8 m，清淤段河宽平均为 100 m，清淤土方量为：4 000 m×0.5 m×100 m =20 万 m³。

（2）湿地下垫面整治长度为 5.5 km，平整河滩地宽度平均为 350 m，种植亲水植物，构建滨河湿地，平整河滩地面积为：5 500 m×350 m = 192.5 万 m²。

（3）大型牛轭湖湿地植被恢复：

沉水植物：坡岸与坑塘共种植沉水植物总面积为 100 万 m²；

挺水植物：总面积为 25 万 m²；

湿生植物：总面积为 25 万 m²；

草坪植被：总面积为 25 万 m²；

沙生植物：总面积为 25 万 m²。

4.8 大张桥污染控制与水质强化净化工程

4.8.1 项目介绍

主要对辽河干流大张桥—红庙子之间河段进行综合整治，以达到该段河道水质及景观的明显改善，保证辽河干流红庙子水质 COD 浓度小于 30 mg/L，氨氮浓度小于 1.5 mg/L。主要建设工程包括 10.6 km 段生态河道恢复工程、大张桥水质强化控制工程、红庙子污染综合阻控工程等。利用微生物及植物功能进行降氮除磷，减少陆域污染物对水源地水质的污染。

4.8.2 生态河道恢复工程

4.8.2.1 河道治理内容

本次河道整治的目的主要就是通过生态河床和河道的工程建设，改变现有河道两侧垃圾堆积、河床无生态保护措施的现状，最大限度地减少入辽河干流污染物负荷，建成生态健康河流，维持干流水质。

治理范围包括大张桥—红庙子之间重点河段，总长 10.6 km，主要工程内容为清理河道，建设生态护坡和河岸植被缓冲带。

4.8.2.2 河道整治工程设计

高谷河最终汇入清洋河，参照公式（4-1）、公式（4-2），计算出糙率为 0.02，其主槽宽度 B 平均为 35 m，最大洪峰流量 Q 为 400 m³/s，通过两式的相互校正，推算出流速为 3.43 m/s，洪水位为 3.2 m。由于该河段已经做成垂直砌石坡面，由此导出河床上口宽为 35 m。常水位宽也为 35 m，水深 1.85 m。

拟对该段重点河段采取石羽口护坡技术（图 4-40、图 4-41），在长 1.06 km 的两岸进行护坡改造，边坡比为 1∶2.5。在洪水线标高 3.20 m 以上采用切割石材垒砌，以保证护坡的稳定性和安全性。上部用框架和木桩护面，框架内嵌有砾石或卵石，利用砾石或卵石间的缝隙种植护坡植物。坡面上部一般种植景观草皮。洪水位以下采用砾石护岸，在起固定作用的同时利用附着在砾石上的微生物对水体污染物的分解作用达到净化水体的目的。该项措施也是融合亲水性、景观性、净水功能为一体的生态型护岸结构。

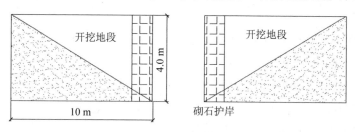

原砌石护岸

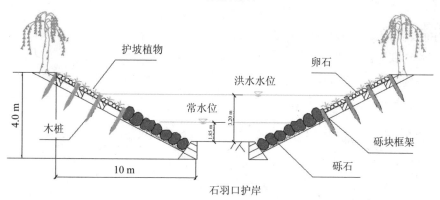

图 4-40　石羽口护岸示意图

图 4-41　石羽口护岸

4.8.2.3 河岸植被缓冲带

沿河两岸建设植被缓冲带的宽度为 10 m，采用当地常见的耐旱、耐湿灌木和草本植物。靠近岸线处种植防护林，采用当地常见柳树。

4.8.2.4 工程量计算

（1）开发土方：$1/3 \times 4.0$ m$\times 10\,600$ m$\times 10$ m$\times 2 = 14.133$ 万 m^3。

（2）框架护岸：2.15 m$/4$ m$\times \sqrt{216}$ m$\times 10\,600 \times 2 = 16.747$ 万 m^2。

（3）护坡石：$1/3 \times 7.5$ m$\times 10\,600$ m$\times 1.85$ m$\times 2 = 9.805$ 万 m^3。

（4）生态护岸：

沉水植物面积：200 m$\times 10\,600$ m$= 212$ 万 m^2；

挺水植物面积：该斜坡长度为 3.63 m，挺水植物面积为 $10\,600$ m$\times 3.63$ m$\times 2 = 7.695$ 万 m^2；

湿生植物面积：$10\,600$ m$\times 3.63$ m$\times 2 = 7.695$ 万 m^2。

（5）生态绿化：

草坪植被面积：该斜坡长度为 2.62 m，草坪面积为 $10\,600$ m$\times 2.62$ m$\times 2 = 5.554$ 万 m^2；

岸边防护林面积：$10\,600$ m$\times 10$ m$\times 2 = 21.2$ 万 m^2。

4.8.3 大张桥污染控制工程

4.8.3.1 项目介绍

工程范围为辽河大张桥至下游 2 km 内。大张橡胶坝位于大张桥下游 2.6 km 处，坝长 91 m，坝底板高程 4.35 m，坝高 2.5 m，管理路外侧规划区域河滩地高程平均 9.8 m（图 4-42）。本次工程防洪标准同橡胶坝一致，为 5 年一遇洪水标准。工程改善局部河段的生态环境，美化生态景观。

4.8.3.2 工程内容

近年来辽河流域遭遇持续干旱，降水量偏少，径流量明显减少，出现了连续枯水年，给沿岸群众的生产、生活带来一定困难，危害到流域十分脆弱的生态环境，造成河道内植被等生态系统严重退化，加剧了水土流失和土壤的荒漠化，对辽宁生态省建设造成严重影响。

针对辽河干流目前存在的干旱缺水、河道断流、生态水面缺少、土壤荒漠化、水质污染、植物成活率偏低、生态治理效果不明显等问题，为改善辽河干流河道生态环境，加快辽河干流河道生态工程建设，实现将辽河建设成生态河道的目标，在鞍山辽河干流大张桥下游修建人工湖生态景观蓄水工程。

图 4-42   大张桥污染控制工程效果图

为尽量扩展水面改善生态环境，同时保证工程在低标准洪水期的安全，经过方案对比选用以下方案。

本工程范围为大张桥下游辽河右岸滩地，位于已规划人工湖下游约 60 m 处。在右岸管理路与主堤防之间开挖，水域面积 34 万 m^2，水域周长 2 500 m，湖底高程 5.65 m，最大开挖深度 2.95 m，平均开挖深度 2.25 m。水深 1.2 m，人工湖边界距管理路大于 50 m，以尽可能地保障了防汛堤的安全。本工程需修建进水泄水工程，考虑到建泵站常年供水需架设电缆，设置管理人员，故选用自流方案：进水采用明渠与已规划人工湖相连接，在本工程人工湖下游，修建滚水坝，用来调节湖内水位，修建明渠至橡胶坝。保持湖内动水，同时不影响橡胶坝安全运行。湖内护岸采用生态护岸，湖内开挖坡度为 1：3。

4.8.4 红庙子污染控制工程

4.8.4.1 项目介绍

项目区域内生态资源以自然生态植被为主，其他多为荒滩、沙地及石滩地，植被生长情况较差，同时还包括一定面积的村民耕地。地内自然肌理凌乱，人为活动与自然运动混杂，生态安全性较差，已经出现了包括烧荒、垦荒，生活垃圾污染等生态问题。本次规划重点解决滨水资源利用不足及修复重建生态湿地等问题。

鞍山市辽河红庙子生态湿地地处鞍山市台安县与新民市辽中县交界处,红庙子村东侧红庙子辽河大桥两侧,规划范围为红庙子辽河大桥上游 3 km 至大桥下游 2.5 km 的红庙子橡胶坝,长度 5.5 km,平均宽度 500 m,总规划面积为 335.25 hm²,其中陆域面积 328.91 hm²,水域面积 6.34 hm²(图 4-43)。区域内部包括滩涂、河岸、湿地、农耕地、水塘等多种地形地貌特征,区域内主要交通为河岸西侧 5~10 m 区间宽度为 5 m 的河道管理路。

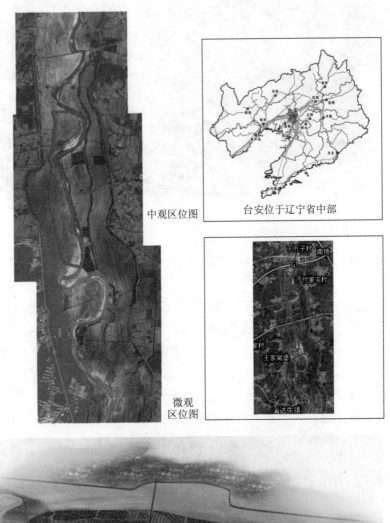

图 4-43 红庙子污染控制工程效果图

4.8.4.2　工程内容

本次规划工程设计如图 4-44 所示。

（1）植物规划原则。

① 乡土化和生物多样化：适地适树，乡土植物，种类繁多，突出重点；

② 生态化和非园林化：从人工造林、人工维护逐步过渡到自然演替和野生状态，增加自然野趣，减少维护成本；

③ 群体效果：主干植物或者群落要有一定规模，避免杂乱无章；

④ 季相和林相：展示不同季节植物景观特色；

⑤ 以林地为主，控制好乔木、灌木的比重；

⑥ 边缘地带的处理：林缘、水际、湿地等过渡性地带需要详细设计，兼顾生态需求、功能要求、审美要求。

（2）具体设计。根据现场调查和业主推荐：香蒲喜暖，对土壤要求不严，生于河滩、湿润多水处，常成丛、成片生长；杞柳喜在上层深厚的沙壤土中生长，栽种方法简便易行，成活率高，见效快，综合考虑当地实际情况，香蒲、杞柳较为适宜当地生长。本次规划重点选择植物种类如下：

① 乔木：垂柳、火炬树、果树（山楂、苹果等）；

② 花灌木：杞柳、红瑞木、紫穗槐、东北珍珠梅、柳叶绣线菊；

③ 地被植物：野花组合、狗牙根、狼尾草、狗尾草、白茅、冰草；

④ 湿生植物：芦苇、象草、千屈菜、香蒲、茭白、慈菇。

建议栽植株行距：乔木类为 1.5 m×1.5 m，花灌木类为 1.0 m×1.0 m，地被植物类为 16 株/m^2，湿生植物类为 25 株/m^2。

在河流的岸边，植物根系在地表形成向外的网状覆盖，因而保护地表免遭水流的冲淘和侵蚀；在水下，植物根系的不规则构造和粗糙的表面可减缓水流速度，减小水流挟带泥沙的能力。在任何情况下树根的存在都能减少水和土之间的充分接触。此外，根系穿入岸边较深的部分能产生加固作用，既可提高整个河岸的固结性，又未改变河槽水流流态，不会对河道横向自然演变造成不利影响。

辽河是一条累积性淤积的多泥沙河流，盘山闸上河道演变的总趋势是逐渐淤积，且淤积速度有加快的倾向。本次设计中的生态工程栽植灌木，以缓流挂淤，抬高了滩地，减缓了水流流速，势必会加重泥沙淤积。因此在今后的实际运行中，为了保证本段及上游的防洪安全，在汛期到来前，应及时进行枝叶清理，扶正被浮柴压埋的树丛，以保证行洪安全。

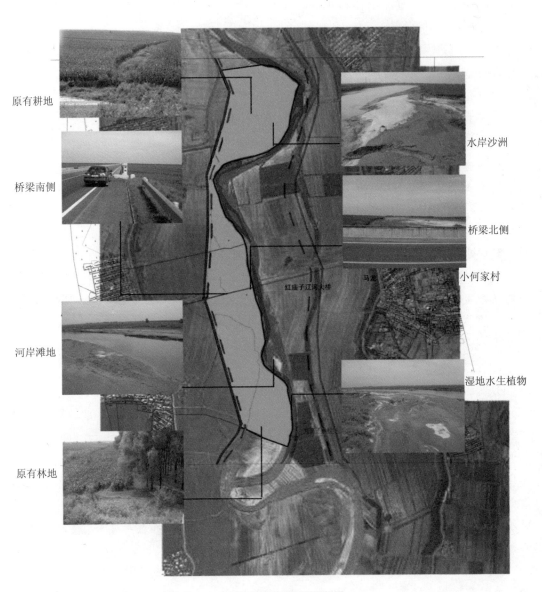

原有耕地

桥梁南侧

河岸滩地

原有林地

水岸沙洲

桥梁北侧

小何家村

湿地水生植物

（a）红庙子污染控制工程现状图

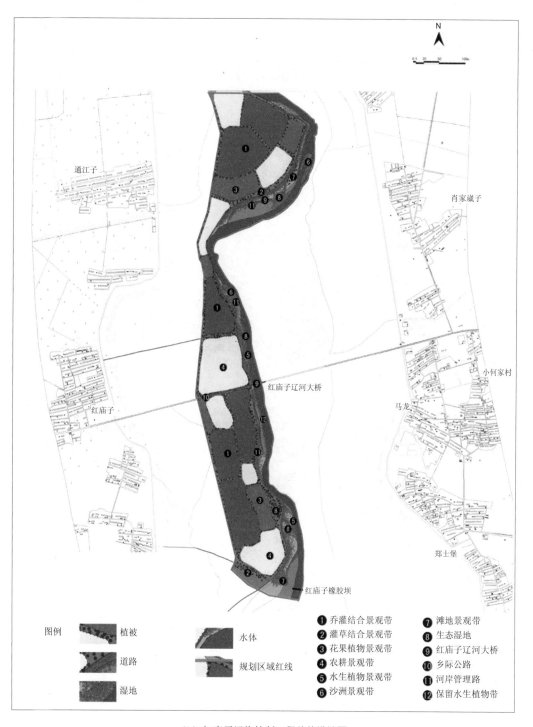

（b）红庙子污染控制工程总体设计图

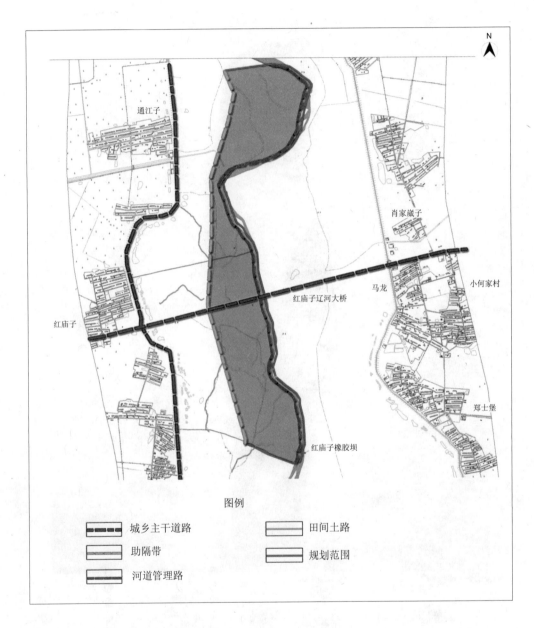

图例

━ ━ ━	城乡主干道路		田间土路
	助隔带		规划范围
	河道管理路		

（c）红庙子污染控制工程阻隔带设计图

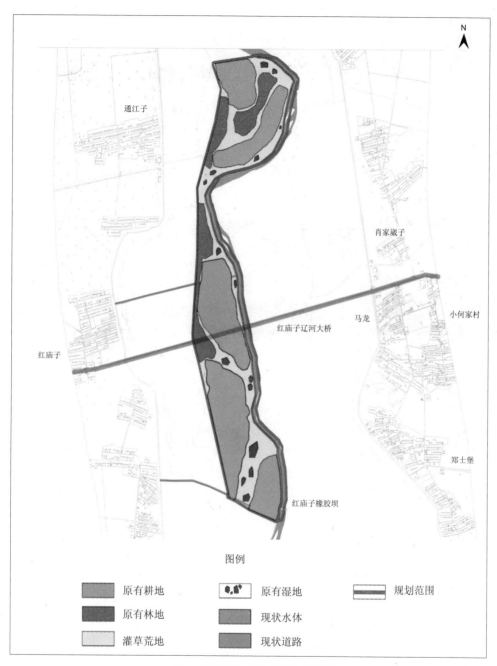

（d）红庙子污染控制工程规划位置图

图 4-44　红庙子污染控制工程设计图

第5章 清河、汛河、柳河河口污染控制
与水生态建设工程

5.1 工程规模和目标要求

5.1.1 工程简介

该项目为清河、汛河、柳河河口污染控制与水生态建设工程。随着经济的发展，辽河3条重要支流汇入口处污染情况日益严重，目前汇入口处污水横流，淤积较为严重，影响了河道蓄水、排涝能力的发挥。另一方面，随着附近的开发建设，大量的建筑垃圾、生活垃圾倒入河中，阻塞河道，致使现有河道断面萎缩，加之沿岸居民和企事业单位的污水直接排入河中，导致河水腐蚀、发黑发臭，河道面貌极差。严重影响辽河沿岸市民身心健康，损坏了城市形象。

结合国家"十二五"环境减排目标，切实解决辽河汇入口处环境污染问题，进一步改善支流水环境质量，改善辽河干流水环境质量，有必要对辽河支流汇入口处进行综合整治。河道的综合整治是一项复杂的系统工程，入河的污染包括来自各支流的污染、农业面源（包括畜牧养殖）污染、沿河村镇及农庄的生活污水及垃圾污染、工业点源污染、干湿沉降等，牵涉的部门多，所需的资金量大。为确保该项目的实施具有合理性、科学性，进行了辽河支流汇入口水生态综合建设工程的前期调查研究，提出了工程方案。

5.1.2 工程总体思路

工程总体设计思路是："治污、清淤、生态修复、景观建设"。治污即利用河岸及河口湿地的截污、生物降解作用减少河水中污染物；清淤即对淤积严重的河道及河口区域进行工程清淤，以利于河道行洪及水量保持；生态修复即对工程区进行生态修复，依据生态学原理并采取生态工程技术恢复该地区的生态功能，包括陆生、水生生态环境；景观建设即对工程区域进行景观再造，创造人水相亲的空间环境。

5.1.3 工程规模

5.1.3.1 清河生态综合示范区工程

本工程对辽河一级支流清河入河口进行生态综合示范区建设，以达到清河河口区水质及景观明显改善的目标。主要建设工程有：① 前置稳定库工程，② 人工景观浮岛建设，③ 生态河道建设，④ 坑塘湿地建设，⑤ 河口湿地建设。河道长度 4.5 km，生态综合示范区面积 2 km^2。

5.1.3.2 汎河生态综合示范区工程

本项目对汎河入辽河干流入汇口 5.8 km 区域进行河汊水系网络建设、人工湿地净化功能区建设、自然湿地恢复和重建，以及水生态恢复，构建汎河口河汊湿地群，以达到汎河口水环境扩容、水体自净能力增强和水生态恢复的水生态综合建设目的。主要的建设工程有：① 对汎河入汇口 2.0 km 段水面拓宽，在汎河主河道距入汇口 1.5 km 处建翻板闸，翻板闸至入汇口河段铺设砾石床；② 将入汇口 5.8 km^2 内原有 3 km 老河道贯通形成河口支汊河网；③ 入汇口河汊湿地群建设；④ 自然湿地恢复和重建；⑤ 河心洲生境营造和栖息地恢复。

5.1.3.3 柳河生态综合示范区工程

本项目对柳河入辽河干流入汇口区域进行综合治理工程建设，以达到柳河口行洪畅通、水环境扩容、水生态修复的生态综合建设目的。主要建设工程有：① 对柳河入汇口 3.0 km 河段清淤，生态河床及护岸建设，堤岸绿化；② 入汇口坑塘湿地、坑塘湿地干流引水、水生植物群落建设；③ 入汇口河口水质强化与生态修复建设。

5.1.4 水质目标要求

清河、汎河、柳河河口污染控制与水生态建设工程主要侧重于建设生态河道及景观恢复，减少入河污染负荷。本工程实施后，3 条河流城区段河水达到地表水Ⅳ类水质要求（GB 3838—2002），COD≤30 mg/L，氨氮≤1.5 mg/L。柳河可减少河道泥沙淤积。

5.2 工程方案设计理念

大型河口水环境综合改善工程结合河口区自然条件和水环境现状，充分体现"污染阻控、水环境扩容、水质强化净化"一体、污染物削减和生态净化功能恢复结合的指导思想，使河口区水环境改善，既能够实现入辽河干流污染物的有效控制，又能通过适当的人为干预促进河口区生态净化功能的逐渐健全，实现河口区水生态的自然恢复。进而保障区段内辽河干流水质和生态系统完整性，扩大河口区水环境容量，增强水体自净能力。

5.3 清河汇入口污染阻控和水环境综合改善工程

设计总体思路：针对清河口的水质特点、地区条件，由前置库、生态浮岛、生态河道及坑塘湿地构成，并在对河道进行清淤的基础上构建清河汇入口污染阻控和水质强化净化工程。工艺流程如图 5-1 所示。在清河与辽河汇入口区域内，为配合辽河保护区"十二五"规划，提出建设 4.5 km 长、面积为 2 km^2 的污染阻控和水环境综合改善工程（图 5-2）。工程建设内容包括前置库、生态河道、坑塘湿地网及河口湿地等，种植不同植物，在污染阻控、扩大水环境容量的基础上，进一步强化净化水质，实现河口区水环境综合改善。保证河口区整体水质达到地表水Ⅳ类标准。

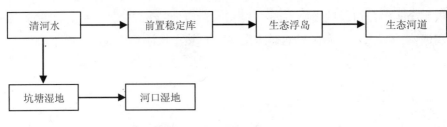

图 5-1　处理工艺流程图

5.3.1　前置库段工程

5.3.1.1　前置库段原理

前置库是流域面源污染控制的一种有效技术。这种因地制宜的水污染治理措施，对控制面源污染，减少河湖外源有机污染负荷，特别是去除入河地表径流中的 N、P 安全有效，具有广泛的应用前景。

地表径流首先进入种有挺水植物（芦苇等）的沉降带，依靠植物的根系和自身的重力作用，其内大部分泥沙被拦截，并沉降下来，同时可去除水中部分磷和少量的氮。从沉降带流出的水进入浅水生态净化系统，经砾石床及所种植的挺水植物（芦苇、香蒲、茭白等），再去除部分氮磷。浅水净化区出水进入深水强化净化系统，即经典的前置库区，该区水深 2～3 m，通过调整库内的水量、水深、停滞时间和生物组成，促进硅藻等易沉降的藻类生长，同时在深水区种植各种漂浮植物和浮叶植物，并投入一定数量的有选择的鱼类，再根据需要设置生物浮床（附带固定化脱氮脱磷菌的水生植物床），以提高氮磷的去除率。

图 5-2　清河汇入口污染阻控和水质强化净化工程区域

根据国内外已经运行的前置库、砾石床人工湿地对污染物净化的效果，沉降带、浅水生态净化区、深水强化净化区的总氮、总磷、泥沙的去除率可分别达到 5%～40%、10%～60%、20%～70%，经强化净化前置库系统处理后，预计总氮、总磷、泥沙的去除率可分别达到 70%、80%、90% 以上。

5.3.1.2 前置库段设计

本工程拟利用前置库对排入清河的生活污水进行处理，出水作为清河补水，以减轻清河的外源污染负荷。前置库由两部分组成，即沉降带和强化净化系统。强化净化系统又分为浅水生态净化区、深水强化净化区，如图 5-3、图 5-4 所示。

（1）沉降带：对河道某一部分加以适当改造，并种植芦苇等大型水生植物，对引入处理系统的地表径流中的颗粒物、泥沙等进行拦截、沉淀处理。

（2）强化净化系统：① 浅水生态净化区。此区域类似于砾石床的人工湿地生态处理系统。首先沉降带出水以潜流方式进入由砾石和植物根系组成的具有渗水能力的基质层，污染物质在过滤、沉淀、吸附等物理作用，微生物的生物降解作用、硝化反硝化作用以及植物吸收等多种形式的净化作用下被高效降解；再进入挺水植物区域，进一步吸收氮磷等营养物质，对入库径流进行深度处理。② 深水强化净化区。利用具有高效净化作用的易沉藻类、具有固定化脱氮除磷微生物的漂浮床，以及其他高效人工强化净化技术进一步去除 N、P、有机污染物等，库区可结合污染物净化进行适度水产养殖。

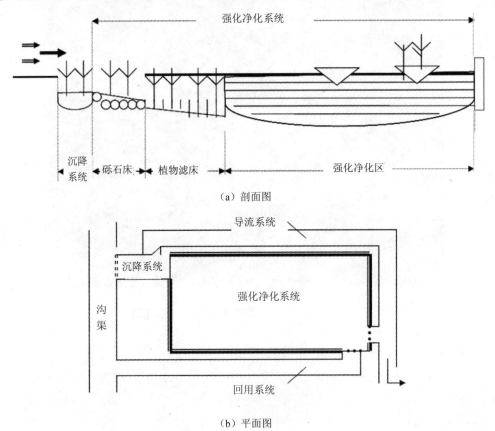

（a）剖面图

（b）平面图

图 5-3　前置库工程示意图

图 5-4　植物滤床强化净化区（前置库工程案例）

5.3.1.3　前置库段工程量估算

（1）沉降系统段：长约 300 m。边坡比按 1∶2.5，坡顶为 2.0 m 高，河道宽度按 150 m 计算。

开挖土方：1/3×2.0 m×300 m×150 m=3 万 m³。

（2）砾石床段：长约 200 m。边坡比按 1∶2.5，坡顶为 2.0 m 高，河道宽度按 150 m 计算。

开挖土方：1/3×2.0 m×200 m×150 m=2 万 m³；

碎石填料量：200 m×2 m×150 m=6 万 m³；

植物种植量（挺水植物面积）：200 m×150 m=3 万 m²。

（3）植物滤床段：长约 200 m。边坡比按 1∶2.5，坡顶为 2.5 m 高，河道宽度按 150 m 计算。

开挖土方：1/3×2.5 m×300 m×150 m=3.75 万 m³；

沉水植物面积：200 m×150 m=3 万 m²；

挺水植物面积：200 m×150 m=3 万 m²。

（4）强化净化区：长约 300 m。边坡比按 1∶2.5，坡顶为 4 m 高，河道宽度按 150 m 计算。

开挖土方：1/3×4.0 m×300 m×150 m=6 万 m³；

沉水植物面积：300 m×150 m=4.5 万 m²；

挺水植物面积：300 m×150 m=4.5 万 m²；

人工浮岛面积：150 m×20 m=3 000 m²。

5.3.2 河道清淤及生态河道工程

5.3.2.1 河道治理内容

本部分河道整治工程的目的主要就是通过生态河床和河道的工程建设，改变现有河道两侧垃圾堆积、河床无生态保护措施的现状，最大限度地减少入库污染物负荷，建成美丽的生态景观河流。

治理范围主要为清河河口段，总长 4 km 左右，主要工程内容为清理河道，建设自然生态河道和河岸植被缓冲带。

本工程总体布局主要包括：河道生态清淤工程，卵砾石生态河床及滨水带生态砼净化沟护岸，水生植物群落重建工程。

5.3.2.2 河道整治工程设计

采用"近自然型"的设计理念，根据河道的原始断面形态及河床、河岸的相对高差，并密切联系河道沿岸的土地利用情况，通过河道底泥生态清淤、构建适宜的生态河床和生态护岸、重建水生植物群落等方式对清河重污染段进行生态修复。有力促进河道生态系统的培育和自循环。

（1）河道生态清淤。对清河 4.5 km 段河底沉积污染物较多的表层进行了清理。河床清淤清理方案如下：

① 河道中淤积的泥沙除上游地表径流的泥沙外，还包括排入污水中的污物、杂质。由于主要排入的是生活污水，河道中底泥的重金属污染未超过标准要求，因此河道中的底泥可作为农用或填土外运。

② 河道的清淤，视断面大小和淤积量多少，可采用机械清淤或人工清淤。对于断面较大、淤积量较多的河段选用机械清淤，辅于人工整理；对于断面较小、淤积量较少的河段采用人工清淤。无论是机械清淤还是人工清淤均以恢复断面为标准。

③ 清淤宜在枯水期进行，以减少河水及地下水对施工的影响，施工中排水较多时，应当作导流墙，边排水边清淤，逐步达到原设计断面的要求。

另外，垃圾清理也应采用机械清理与人工清理相结合的原则，降低劳动强度。将淤泥及垃圾捞上沿岸，再用车辆运至合适的地方堆放。

（2）卵砾石生态河床构建。河道清淤后，在清淤河段设置卵砾石生态河床。卵砾石厚度为 0.5 m 左右，铺满整个河底。

（3）滨水带生态砼净化沟护岸构建。本工程不打算破坏原有护岸，拟在护岸底建生态砼净化沟护岸（图 5-5）。坡角为无砂混凝土槽，板厚 0.2 m，槽宽 0.6 m，槽内种植芦苇和茭草。在常水位淹没处建设滨水带水生植物生长的生态混凝土槽，按照对河道水体环境和生态修复具有良好作用并适合河流水体特征的原则，选择种植芦苇、荭草，宽为 0.6 m，密度为 10～15 棵/m²。

图 5-5　滨水带生态砼净化沟护岸

（4）重建水生植物群落。根据对清河水生植物群落的调查，选用土著物种进行河道水生植物群落的重建。选定的挺水植物为芦苇和香蒲，沉水植物为菹草、金鱼藻和苦草，浮水植物主要为水龙和浮萍。

（5）堤岸绿化工程。主要实施范围在两侧道路以内的绿化带、斜坡及平台上，总面积 60 000 m²，其中汇入口上游 3 km 河道长度全部选用土著物种。护岸 3 m 内种植草坪植被，5 m 内构造防护林。绿化植物主要包括林木、乔木、灌木、草坪、花卉等。

① 斜坡植物：灌木柳、杞柳、滨海、黑麦草、高羊茅、狗牙根、香根草、苗马兰、泽兰、迎春花。

② 岸堤植物：垂柳、枫杨。

5.3.2.3　工程量计算

（1）河底生态清淤。清河清淤厚度为 1.0～1.5 m，清淤总长 4.5 km，清淤土方量为：4 500 m×1.5 m×150 m=101.25 万 m³。

（2）卵砾石生态河床。河床碎石量：3 000 m×1.5 m×150 m=67.5 万 m³。

（3）生态砼净化沟护岸构建工程。构建 4.5 km 生态砼净化沟。

（4）重建水生植物群落。

沉水植物面积：1 m×4 500 m×2=9 000 m²；

挺水植物面积：0.6 m×4500 m×2=5 400 m²。

（5）堤岸绿化工程。

草坪植被面积：该斜坡长度为 3 m，面积为 3 m×4 500 m×2=2.7 万 m²；

岸边防护林面积：5 m×4 500 m×2=4.5 万 m^2。

5.3.3 坑塘湿地网建设工程

5.3.3.1 坑塘湿地设计

在至距离堤坝 100 m，平均长度 2.5 km，平均宽度 500 m 的范围内，利用区域内原有坑塘和牛轭湖水面，进行水面拓宽和挖潜，拓宽面积为 0.2 km^2，挖潜深度 1.5～2.0 m。利用河滩洼地建设新的坑塘，共计扩大坑塘面积 0.6 km^2，平均挖深 4.0 m；坑塘之间建立宽 6 m，深 3.5 m，总长 3 km 的导流水渠。坑塘内种植沉水植物共计 0.2 km^2，在坑塘和导流水渠常水位±0.5 m 区域内种植芦苇、香蒲、菖蒲、水葱、慈姑等挺水植物共计 0.4 km^2，其间错落点缀灌乔木，种植面积 0.03 km^2。通过坑塘湿地网建设，可扩大区域内水面面积 0.8 km^2，增加对污染物的消纳能力。

5.3.3.2 坑塘湿地网工程量估算

（1）原有坑塘水面拓宽：拓宽面积 0.2 km^2，平均挖深 1.5～2.0 m，土方量为：200 000 m^2×2.0 m=40 万 m^3；

新建坑塘水面：0.6 km^2，平均深度 4.0 m，土方量为：600 000m^2×4 m=240 万 m^3。

（2）导流渠。宽 6 m，深 3.5 m，总长 3 km，土方量为：3 000 m×3.5 m×6 m=6.3 万 m^3。

（3）生态护岸。

沉水植物面积：20 万 m^2；

挺水植物面积：40 万 m^2；

灌木面积：3 万 m^2；

草地面积：3 000 m×30 m =9 万 m^2。

5.3.4 河口湿地工程

5.3.4.1 河口湿地设计

在汇入口河段，在辽河左岸河道及清河左岸分别建立长 0.5 km 和 1.0 km，平均宽度 400 m 的河口人工湿地，挖除多余土方，使该区域高程为河道常水位线±0.5 m。在水深 0.5～2.5 m 范围内种植伊乐藻、菹草、金鱼藻等沉水植物。在水深低于 1.0 m 区域种植芦苇、香蒲、菖蒲、慈姑、千屈菜、水葱等挺水植物。通过河口湿地的建立实现对河水污染阻控和水质净化的目的。

5.3.4.2 河口湿地工程量估算

（1）土方挖除面积 60 万 m^2，平均挖深 2.0 m，挖除土方量为：600 000 m^2×2.0 m= 120 万 m^3。

（2）沉水植物面积：100 m×1 500 m=15 万 m^2。

（3）挺水植物面积：150 m×1 500 m=22.5 万 m^2。

5.4 汛河汇入口污染阻控和水质强化净化工程

设计总体思路：汛河入汇口污染阻控和水质强化工程是根据多年的研究和实践经验，专门针对汛河河口区的水环境和水生态特征、区域条件提出的，在拓宽入汇口河道、贯通支汊河网和增加坑塘水面的基础上，建设河汊湿地、坑塘湿地、傍河湿地和河口湿地，构建汛河入汇口河汊湿地群，实现污染阻控、水质净化、区域环境容量和水体自净能力综合提升。在河口区 5.8 km^2 范围内通过河汊湿地群的建设，为湿地物种繁衍和增殖营造生境，构建完整的湿地生态系统，最终实现汛河口区域水生态全面恢复的目的。工程工艺流程如图 5-6 所示，工程布置如图 5-7 所示。

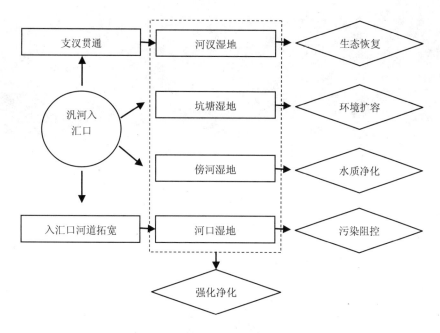

图 5-6　汛河入汇口污染阻控和水质强化净化工程工艺示意图

图 5-7　汎河入汇口污染阻控和水质强化净化工程布置图

5.4.1　河口湿地污染阻控工程

5.4.1.1　河口湿地污染阻控工程简介

　　根据汎河入汇口、支汊河口特点，首先对汎河入汇口 2.0 km 河段进行清淤和拓宽，保障河道流量和行洪能力，在两个主要入汇支汊河道建立两道翻板闸，拦蓄河水，扩大水面，减缓汎河入辽河干流的流速和水势；增加河水在河口区域的水力停留时间，增大水环境容量，并在其中较长入汇河段建立汎河入汇口河口湿地，实现对汎河污染阻控和水质净化的目的，较短河主要用于汛期泄洪，河底铺设生态砾石床，河岸建立生态护岸，减少洪水对河底和河岸的冲刷侵蚀。

5.4.1.2 河口湿地污染阻控工程设计

（1）工程内容。工程范围主要为汎河入汇口，总长 2.0 km，主要工程内容为河道清淤和拓宽、河口湿地建设、生态砾石河床建设和河岸植被缓冲带建设。本工程总体布局主要包括：河道生态清淤和拓宽工程，翻板闸建设工程，生态砾石床和滨水带生态护岸建设工程，以及河口湿地建设工程。

（2）工程设计。根据河道的原始断面形态及河床、河岸的相对高差，并密切联系河道沿岸的土地利用情况，通过河道生清淤拓宽，建设翻板闸，构建生态砾石床，扩大水面，增加水陆交叠面面积，增加水环境容量，建设河口湿地，实现对汎河污染物阻控和水质净化的目标。

河道清淤拓宽

对汎河入汇口 2 km 段河底沉积污染物较多的表层进行清理。河床清淤拓宽方案如下：

① 河道清淤，采用机械清挖方式，对河道沉积物进行清淤挖潜，河道挖深 1～1.5 m，河流断面面积增加 40%。

② 由于汎河上游以农田为主，河道中淤积的泥砂除上游地表径流携带的泥砂外，还有来自上游面源污染的污染物，因此河道清淤可以将河道中沉淀的污染物清除。

③ 在原有水面宽度的基础上，将汎河入汇口 2 km 河道拓宽 20 m，河流断面面积增加一倍，以利于减缓水流，增加湿地段水力停留时间，使河水污染物充分沉降、被植物吸收和氧化分解（图 5-8）。

图 5-8　河道拓宽工程示意图

翻板闸建设

① 在汛河两条主要入汇支汊分叉口下游 50 m 处分别建立两座翻板闸，高度 2.5 m。翻板闸建立后可扩大水面面积 0.1 km²，河口蓄水量增加 1 000 万 m³。

② 通过调节两个翻板闸高度，可调节进入两个主要支汊河道的水量。

③ 短支汊主要用作防洪通道，保障河口湿地安全（图 5-9）。

图 5-9　翻板闸工程示意图

砾石床构建

① 短支汊河道在翻板闸后河段铺设砾石床，减少河水冲击对河底的侵蚀冲击。

② 同时将块石、卵砾石和碎石以一定方式抛填于河道中，可以为湿地植物生长提供适宜的生境场所，创造污染物净化条件。

③ 卵砾石厚度为 0.5 m 左右，铺满整个河底。石块具有较大比表面，有利于生物聚集生长形成生物膜，可以吸附降解水体中的污染物质，起到净化水质作用。

④ 对短支汊河道岸堤进行绿化和防护，保障行洪安全，并有效阻控面源污染物汇入。

河口湿地建设

① 在长支汊河段，沿河道建立长 1.5 km，平均宽度 300 m 的河口人工湿地，挖除多余土方，使该区域高程为河道常水位线±0.5 m。

② 在水深 0.5～2.5 m 范围内种植伊乐藻、菹草、金鱼藻等沉水植物。

③ 在水深低于 1.0 m 区域种植芦苇、香蒲、菖蒲、慈姑、千屈菜、水葱等挺水植物。通过河口湿地建立实现对河水污染阻控和水质净化的目的（图 5-10）。

图 5-10　河口湿地工程示意图

5.4.1.3　工程量计算

（1）河底生态清淤。汎河河口清淤深度为 1～1.5 m，清淤总长 2 km，清淤土方量为：2 000 m×1.5 m×20 m=6 万 m³。

汎河河口河道拓宽宽度为 20 m，拓宽总长度 3 m，拓宽土方量为：2000 m×3 m×20 m=12 万 m³。

（2）翻板闸。建立汎河翻板闸两座。

（3）砾石生态河床。

河床碎石量：500 m×0.5 m×40 m=1 万 m³；

草坪植被面积：该斜坡长度为 3 m，5 m×2 000 m×3=3 万 m²；

岸边防护林面积：5 m×2 000 m×3=3 万 m²。

（4）河口湿地建设

土方挖除面积 600 000 m²，平均挖深 1.5 m，挖除土方量为：600 000 m²×1.5 m=90 万 m³。

沉水植物面积：100 m×3 000 m=30 万 m²；

挺水植物面积：150 m×3 000 m=45 万 m²。

5.4.2 河汊湿地水质强化净化工程

5.4.2.1 河汊湿地建设工程简介

根据汛河入汇口河汊众多、老河道和废弃河道纵横的特点，首先采用水利工程手段，将原有老河道与现有河道贯通，构建汛河入汇口河汊水系，扩大水面，形成河汊交错、水陆交替的格局，在河汊水系网贯通的基础上，建立入汇口河汊湿地，营造良好的水生态格局，实现水质强化净化功能。

5.4.2.2 河汊湿地建设工程设计

（1）工程内容。工程范围为汛河入汇口两条主要入河支汊间的三角河滩地区域，面积 1.2 km²。主要工程内容为：支汊河道网的贯通工程、河汊湿地建设工程和河心洲水质强化净化工程建设工程。

（2）工程设计。本工程总体布局为通过开挖引水渠和新的支汊水道将区域内所有支汊水系贯通，构架入汇口河汊网，增加水陆交叠面积，实现水环境扩容，在支汊水系贯通和支汊网构建的基础上建设河汊湿地，实现对河水水质的净化，并利用深入辽河干流水面内的河滩建立河心洲，构建完整的湿地生态系统，实现对辽河干流的污染物削减。

支汊河网贯通工程

① 利用区域内原有的 2.5 km 老河道，通过河道挖潜、整治、开挖引水渠，将老河道与现有河道贯通。

② 在河道之间开挖平均宽度 6.0 m，深 3.5 m，总长 4.0 km 的河道支汊，建立支汊河网。

③ 通过支汊河网的建设，可增加生态蓄水量 8 万 m³。同时可将入汇口泄洪面积增加 150 m²。

河汊湿地建设工程

① 对 1.2 km² 内湿地地面进行平整，并以河网为界分块建设人工湿地，湿地总面积 1.0 km²。

② 河汊湿地平均水深 0.5 m。

③ 湿地主要种植芦苇、香蒲、菖蒲、水葱、慈姑等挺水植物，通过植物的截流、吸收和吸附作用净化水质，同时为鱼类等水生生物提供良好的栖息地。

④ 湿地内适当投放辽河特有生态鱼种，进行水生态总体恢复，全面恢复水体自净功能。河汊湿地工程示意图如图 5-11 所示。

图 5-11 河汊湿地工程示意图

河心洲水质强化净化工程

① 以促进水生态系统全面恢复，实现入干流污染物削减为主要建设目标。

② 河心洲面积 0.2 km²，平均标高 3.5 m。

③ 河心洲内植物种植以杞柳、灌木柳等丛生灌木为主，保持河心洲水土，防风固沙；河岸种植挺水植物，有效吸收、氧化分解干流水体污染物。保持干流水质为Ⅳ类水质标准。河心洲水质强化净化工程如图 5-12 所示。

图 5-12 河心洲水质强化净化工程示意图

5.4.2.3 工程量计算

（1）支汊河网贯通公程。

引水渠：宽 6 m，深 3.5 m，总长 2 km，土方量为 2 000 m×3.5 m×6 m= 4.2 万 m³。

支汊河道：宽 6 m，深 3.5 m，总长 4 km，土方量为 4 000 m×3.5 m×6 m= 8.4 万 m³。

（2）河汊湿地建设工程。

地面平整：湿地面积 1.0 km²，平均深度 0.5 m，土方量为：1.0 km²×0.5 m=50 万 m³；

沉水植物面积：20 万 m²；

挺水植物面积：40 万 m²。

（3）河心洲建设工程。

土方量：0.2 km²×1.5 m=30 万 m³；

灌木面积：10 万 m²；

挺水植物面积：10 万 m²。

5.4.3 干流傍河湿地恢复和坑塘湿地群建设工程

5.4.3.1 干流傍河湿地恢复和坑塘湿地群建设工程简介

根据辽河干流汛河入汇段滩地面积广阔，地势平缓、坡降小的特点，首先对干流天然傍河湿地进行人工强化恢复和面积扩容，构建傍河湿地群，达到对辽河干流水质净化效果。结合河滩地低洼塘地，进一步挖潜和扩大坑塘水面，并建立新的坑塘，使干流傍河段形成河流支网纵横、坑塘星罗密布的良好生态格局，有效扩大水环境容量，强化净化水质，并对辽河干流汛河入汇口段进行污染阻隔带建设，种植生态防护阻隔带，防风固沙，减少水土流失，有效阻控面源污染物汇入。

5.4.3.2 干流傍河湿地恢复和坑塘湿地群建设工程设计

（1）工程内容。工程范围主要为新调线桥下橡胶坝至汛河入汇口辽河干流左岸滩地，区域面积 1.4 km²。主要工程内容为：傍河湿地恢复重建、坑塘湿地群建设和堤岸生态防护带建设。

（2）工程设计。本工程总体布局为在沿干流河长，距水面 100 m 距离内进行傍河湿地的恢复和重建，包括开挖支流引水沟渠，将干流河水引入傍河湿地，对辽河干流水质净化；在滩地外沿，利用已有坑塘和牛轭湖，进行水面拓宽和挖潜；并选择地势低洼区域建立新的坑塘，建立坑塘湿地群，增加水环境容量，建设水生态，强化净化水质。

干流傍河湿地建设工程

① 傍河湿地采用表面流人工湿地（图 5-13）。

②在干流河长 1.7 km，距水面 100 m 的共计 0.17 km² 范围内进行地面平整，挖除多余土方至区域平均标高为干流常水位下 0.5～1.0 m，采用卵砾石对湿地下垫面进行铺衬，建设湿地围堰、管理路，湿地两端开挖宽 6 m，深 3.5 m，长 500 m 的引水导流渠。

③在 0.17 km² 内进行湿地植物的种植和恢复，种植沉水植物 0.05 km²，挺水植物 0.10 km²，其间错落点缀灌乔木，种植面积 0.01 km²。

④通过傍河湿地群建设，可削减干流污染物 10% 以上。

图 5-13　傍河湿地工程示意图

坑塘湿地群建设

①在傍河湿地边缘，至距离堤坝 100 m，平均长度 1.7 km，平均宽度 500 m 范围内，利用区域内原有 0.1 km² 坑塘和牛轭湖水面，进行水面拓宽和挖潜，拓宽面积 0.1 km²，挖潜深度 2.0～2.5 m（图 5-14）。

②利用河滩洼地建设新的坑塘，共计扩大坑塘面积 0.4 km²，平均挖深 4.0 m，坑塘之间建立宽 6 m，深 3.5 m，总长 1 km 的导流水渠。

③坑塘内种植沉水植物共计 0.1 km²，在坑塘和导流水渠常水位 ±0.5 m 区域内种植芦苇、香蒲、菖蒲、水葱、慈姑等挺水植物共计 0.2 km²，其间错落点缀灌乔木，种植面积 0.01 km²。

④通过坑塘湿地群建设，可扩大区域内水面面积 1.0 km²，增加水环境容量 1 500 000 m²，增加污染物消纳能力。

图 5-14 坑塘湿地工程示意图

污染阻隔带设计

① 在距堤岸防护林带 50 m，总长 1.7 km，平均宽度 50 m 的范围内，种植灌草污染阻隔带。

② 灌木种植以杞柳、灌木柳等丛生灌木为主，同时不影响汛期河道行洪。

③ 草地以结缕草为主，有效阻隔面源污染物汇入。

5.4.3.3 工程量计算

（1）干流傍河湿地建设工程。

引水渠：宽 6 m，深 3.5 m，总长 1 km，土方量为 1 000 m×3.5 m×6 m=2.1 万 m³；

下垫面平整，面积 0.17 km²，平均平整深度 1.5 m，土方量为：170 000 m²×1.5 m = 25.5 万 m³；

湿地下垫面铺衬，面积 0.17 km²，卵砾石铺衬厚度 0.5 m，卵砾石用量：170 000 m²×0.5 m =8.5 万 m³；

沉水植物面积：5 万 m²；

挺水植物面积：10 万 m²；

灌木面积：1 万 m²。

（2）坑塘湿地群建设。

原有坑塘水面拓宽：拓宽面积 0.1 km²，平均挖深 2.0～2.5 m，土方量为 100 000m²×2.0 m=20 万 m³；

新建坑塘水面：面积 0.4 km²，平均深度 4.0 m，土方量为 400 000 m²×4 m=160 万 m³；

导流渠：宽 6 m，深 3.5 m，总长 1 km，土方量为：1 000 m×3.5 m×6 m=2.1 万 m³；

沉水植物面积：10 万 m²；

挺水植物面积：20 万 m²；

灌木面积：1 万 m²。

（3）污染阻隔带建设。

土方量：1 700 m×50 m×1.0 m=8.5 万 m³；

灌木面积：1 700 m×20 m =3.4 万 m²；

草地面积：1 700 m×30 m =5.1 万 m²。

5.5 柳河汇入口水环境综合整治和水质强化净化工程

设计总体思路：针对柳河河口区的水环境和水生态特征、区域条件，在入汇口河道清淤、建设坑塘保水工程，清除内源污染，扩大水面，水环境扩容的基础上，建设浅滩湿地水质强化净化工程、牛轭湖湿地生态修复工程，构建柳河入汇河口湿地群，实现污染阻控、水质净化、区域环境容量和水体自净能力综合提升（图 5-15）。

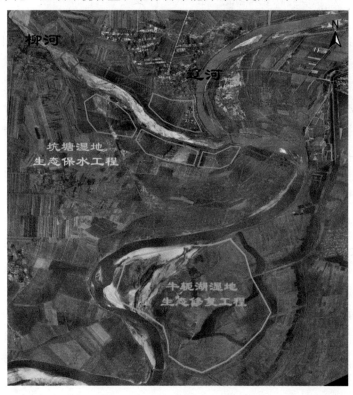

图 5-15　柳河入汇口水环境综合整治和水质强化净化工程布置图

5.5.1 淤积综合治理工程

5.5.1.1 植被水土保持原理

对于泥沙淤积严重的河口，一方面要对河口和河道进行清淤；另一方面还需对河岸进行有效的水土保持工作。河岸植被具有较好的水土保持功能，主要体现在下列几个方面：

（1）由于植被冠层及地被物的截留作用，大气降水的损失量较大，减小了产生径流的净雨量；

（2）地被物层对汇流的延长作用，使得地表径流速率减小，增加了径流下渗的时间，使地表径流量减小，地下径流和地表径流的比例变大，径流的侵蚀能量减小，从本质上削弱了径流冲刷挟沙的能力；

（3）植物根系能够改良土壤结构，提高土壤的抗冲和抗蚀性，增加土壤的下渗能力。

诸如此类的作用，极大地促进了植被水土保持的功能，发挥了植被涵养水源、改善生态环境的作用。

5.5.1.2 入汇口淤积综合治理工程设计

（1）综合治理内容。柳河入汇口淤积综合治理工程的目的主要是通过河床清淤和河岸植被水土保持工程建设，清除入汇口处河床现有的泥沙和垃圾，同时加深河道，加快河流的流速，减少水中泥沙的沉降速率。并对上游河段河岸和边坡进行植被水土保持建设，减少河岸的水土流失。

治理范围主要为柳河入汇口以及上游 3 km 河段，主要工程为河道清淤和加深，以及河岸植被建设。

（2）入汇口整治工程设计。根据入汇口的原始断面形态及河床、河岸的相对高差，并结合河道沿岸的土地利用情况，通过河道底泥生态清淤、构建适宜的生态河床和生态护岸，完成对柳河入汇口的淤积综合整治和自然生态修复。

① 入汇口生态清淤。对柳河入汇口以及上游河道 3 km 段河底沉积泥沙较多的表层进行清理。河床清淤整治方案同 5.3.2。

② 卵砾石生态河床构建。河道清淤后，在清淤河段设置卵砾石生态河床。卵砾石厚度为 0.3 m 左右，铺满整个河底。

③ 滨水带生态砼净化沟护岸构建，设计方法同 5.3.2。根据对柳河水生植物群落的调查，选用土著物种进行河道水生植物群落的重建。选定的挺水植物为芦苇和菱草，沉水植物为菹草、金鱼藻和苦草，浮水植物主要为水龙和浮萍。

④ 堤岸绿化工程。主要实施范围在两侧道路以内的绿化带、斜坡及平台上，总面积

20 000 m²，其中 3 km 河道长度全部选用土著物种。护岸 2 m 内种植草坪植被，5 m 内构造防护林。绿化植物主要包括林木、乔木、灌木、草本、花卉等。

斜坡植物：灌木柳、杞柳、滨海、黑麦草、高羊茅、狗牙根、香根草、苗马兰、泽兰、迎春花。

岸堤植物：垂柳、枫杨。

5.5.1.3　工程量计算

（1）河底生态清淤。清淤厚度为 1.0～1.5 m，宽 150 m，清淤总长 3 km，清淤土方量为：3 000 m×1.5 m×150 m=67.5 万 m³。

（2）卵砾石生态河床。

河床碎石量：3 000 m×0.3 m×150 m=13.5 万 m³。

（3）生态砼净化沟护岸构建工程。

构建 3 km 生态砼净化沟，重建水生植物群落，沉水植物面积：1 m×3 000 m×2=6 000 m²；

挺水植物面积：0.6 m×3 000 m×2=3 600 m²。

（4）堤岸绿化工程。

草坪植被面积：该斜坡长度为 2 m，面积为 2 m×3 000 m×2=1.2 万 m²；

岸边防护林面积：5 m×3 000 m×2=3 万 m²。

5.5.2　生态保水建设工程

5.5.2.1　坑塘湿地生态保水原理

柳河在枯水期常为断流状态，从河流生态保护和景观建设方面考虑，需要在入汇口进行生态保水工程建设，其主要工程为在入汇口处两岸修建坑塘湿地，通过对柳河蓄水以及从干流辽河调水，实现河流生态保水和增加水面景观面积的目标。

（1）坑塘湿地本身具有较大的存蓄空间，在河流丰水或平水期，通过地势落差进行蓄水和保水。河流枯水期水面干涸后，坑塘湿地中的水通过水面差对河道进行补水。同时，通过连接坑塘湿地还可从枯水期也不干涸的干流中调水，对支流进行补水。

（2）由于水面面积较大，河水引入坑塘湿地后流速将显著下降，水中的泥沙等悬浮物会得到充分的沉降，减少对河道的淤积。一般坑塘湿地水力停留时间较长，支流河水中的有机物等也会得到降解，从而可减少对干流的污染。

（3）坑塘湿地中水量充沛、水流较缓、水域面积较大，为水生物提供了良好的生存环境，而且具有较好的景观功能。

5.5.2.2 入汇口生态保水工程建设

（1）生态保水内容。柳河入汇口生态保水工程的目的主要是通过坑塘湿地对支流进行保水，另一方面从干流辽河调水对支流进行补水。同时增加河流的水域面积，为生态恢复和景观建设创造良好环境。

生态保水工程建设范围主要在柳河入汇口处，共建设坑塘湿地 3 km²，并进行相应的水生植物种植。

（2）入汇口生态保水工程设计。根据柳河入汇口处河岸的高程，并结合土地利用情况，通过坑塘湿地建设为河流保水，并从干流辽河引水为柳河补水（图 5-16）。

坑塘湿地生态保水

对柳河入汇口处南岸 2 km² 规划土地进行坑塘湿地生态保水建设，具体建设方案如下：

① 入汇口处南岸以老河道淤积干涸砂石为主，砂石中重金属污染未超过标准要求，因此河道中的砂石可作为农用或填土外运。

② 河岸生态保水坑塘湿地采用机械挖方和人工挖方方式，对于坑塘中间较深处选用机械挖方，辅以人工整理；对于岸边较浅处采用人工挖方。

③ 坑塘湿地水生植物种植根据对当地水生植物群落的调查，选用土著物种进行河道水生植物群落的重建。选定的挺水植物为芦苇和荄草，沉水植物为菹草、金鱼藻和苦草，浮水植物主要为水龙和浮萍。

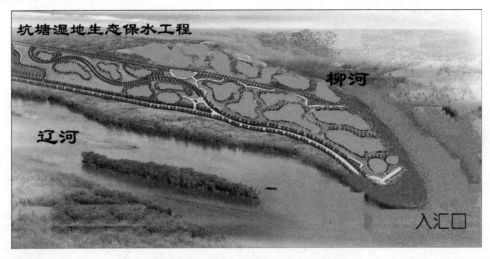

图 5-16 柳河入汇口生态保水工程建设图

坑塘湿地干流引水

对柳河入汇口处北岸 1 km² 规划土地进行坑塘湿地生态保水建设，具体建设方案如下：

① 入汇口处北岸原为农田用地，砂石中重金属污染未超过标准要求，因此河道中的砂石可作为农用或填土外运。

② 河岸生态保水坑塘湿地采用机械挖方和人工挖方方式，对于坑塘中间较深处选用机械挖方，辅以人工整理；对于岸边较浅处采用人工挖方。

③ 坑塘湿地水生植物种植根据对当地水生植物群落的调查，选用土著物种进行河道水生植物群落的重建。选定的挺水植物为芦苇和菱草，沉水植物为菹草、金鱼藻和苦草，浮水植物主要为水龙和浮萍。

5.5.2.3　工程量计算

（1）坑塘湿地生态保水。坑塘湿地挖方深度为 0.5～1.5 m，总面积 2 km²，挖方量为：2 000 000 m²×1.5 m=300 万 m³。

（2）重建水生植物群落。

沉水植物面积：2 m×5 000 m=1 万 m²；

挺水植物面积：1.5 m×5 000 m=7 500 m²。

（3）坑塘湿地干流引水。坑塘湿地挖方深度为 0.5～1.0 m，总面积 1 km²，挖方量为：1 000 000 m²×1.0 m=100 万 m³。

（4）重建水生植物群落。

沉水植物面积：2 m×3 000 m=6 000 m²；

挺水植物面积：1.5 m×3 000 m=4 500 m²。

5.5.3　水质强化净化工程

柳河在丰水和平水期，氨氮和高锰酸盐指数均有不同程度的超标，汇入辽河后会对干流造成一定程度的污染。本工程利用入汇口处现有河段的自然走向，构建人工湿地，对水质进行人工强化，同时完成入汇口处的生态修复工作。

5.5.3.1　人工湿地水质强化工程建设

（1）人工湿地建设内容。柳河入汇口水质强化与生态修复工程主要是通过在入汇口处河段建设大面积的人工浅滩湿地和牛轭湖湿地，达到河流水质强化以及水生态环境修复的目的。

人工湿地工程建设范围主要在柳河入汇口处以及下游 5 km 自然弯曲河段，约 8 km² 的河岸。

（2）人工湿地水质强化与生态修复工程设计。根据柳河入汇口处下游河岸的高程，以及原有和现有河道情况建设浅滩湿地和牛轭湖湿地。

浅滩湿地水质强化

对柳河入汇口处下游 3 km² 规划土地进行浅滩湿地生态保水建设，具体建设方案如下：

① 入汇口处下游 3 km² 范围内原为农田用地，砂石中重金属污染未超过标准要求，因此河道中的砂石可作为农用或填土外运。

② 河岸水质强化湿地采用机械挖方和人工挖方方式，对于坑塘中间较深处选用机械挖方，辅以人工整理；对于岸边较浅处采用人工挖方。

③ 坑塘湿地水生植物种植根据对当地水生植物群落的调查，选用土著物种进行河道水生植物群落的重建。选定的挺水植物为芦苇和菱草，沉水植物为菹草、金鱼藻和苦草，浮水植物主要为水龙和浮萍，湿生植物为芦苇、单叶苔草、糙叶苔草等。

牛轭湖湿地生态修复

对柳河入汇口处下游 8 km³ 规划土地进行牛轭湖湿地生态保水建设，具体建设方案如下：

① 入汇口处下游 8 km³ 范围内以老河道淤积干涸砂石为主，砂石中重金属污染未超过标准要求，因此河道中的沙石可作为农用或填土外运。

② 河岸水质强化湿地采用机械挖方和人工挖方方式，对于坑塘中间较深处选用机械挖方，辅以人工整理；对于岸边较浅处采用人工挖方。

③ 坑塘湿地水生植物种植根据对当地水生植物群落的调查，选用土著物种进行河道水生植物群落的重建。选定的挺水植物为芦苇和菱草，沉水植物为菹草、金鱼藻和苦草，浮水植物主要为水龙和浮萍，湿生植物为芦苇、单叶苔草、糙叶苔草等。

5.5.3.2 工程量计算

（1）浅滩湿地水质强化。浅滩湿地挖方深度为 0.3～0.5 m，总面积 3 km²，挖方量为：3 000 000 m²×0.5 m=150 万 m³。

（2）重建水生植物群落。

沉水植物面积：2 m×10 000 m=2 万 m²；

挺水植物面积：1.5 m×10 000 m=1.5 万 m²。

（3）牛轭湖湿地生态修复。坑塘湿地挖方深度为 0.5～1.0 m，总面积 5 km²，挖方量为：5 000 000 m²×1.0 m=500 万 m³。

（4）重建水生植物群落。

沉水植物面积：2 m×20 000 m=4 万 m²；

挺水植物面积：1.5 m×20 000 m=3 万 m²。

第6章 辽河保护区支流汇入口人工湿地建设工程

6.1 工程内容与目标

针对辽河保护区污染较重及生态恢复条件较成熟的 9 条支流汇入口，拟建人工湿地项目，总规模 14.4 km²，对汇入干流前的支流水体进行进一步的修复，削减污染物入干负荷，构建和恢复支流汇入口湿地生态系统。

6.1.1 工程内容

本项目工程内容主要包括：
（1）辽河保护区污染较重的 9 条支流的汇入口人工湿地建设；
（2）与湿地工程配套的辅助工程建设。

6.1.2 建设目标

总体目标：恢复辽河保护区支流河口湿地生态系统，为鸟类提供栖息地，显著提高支流生态区的生物多样性。

"十二五"阶段性目标：建设和恢复中/重污染支流汇入口人工湿地系统，净化支流水体水质，阻控支流河口区非点源污染负荷，初步恢复支流河口区生态及景观。

6.1.3 建设条件

（1）有利条件。划定辽河保护区，以租赁形式收回了辽河干流 1050 线以内的耕地，修建了管理路和阻隔带，为湿地建设提供了责任主体和基本区域空间。

（2）不利条件。河口区河道泥沙淤积较为严重，非汛期多为沙洲和滩涂，植被覆盖率低；汛期干流洪水位较非汛期变化大，仅适合建设表流湿地，且湿地建设和运行的防洪要求较高；季节温差大，冬季表流湿地无法运行。

6.1.4 编制目的与任务

6.1.4.1 编制目的

在充分调查研究、分析评价预测的基础上达到如下目的:

(1)论述辽河保护区支流汇入口污染削减人工净化湿地工程的必要性。

(2)对与本项目有关的主要因素,水质、水量进行论证,对人工湿地的工艺方案进行技术可靠性、经济合理性及实施可行性等的多方案的技术经济比较。择优推荐工程方案,评价工程的技术经济状况和可操作性。

(3)在充分论证的基础上,提出推荐建设方案,为项目决策提供科学依据。

6.1.4.2 主要任务

(1)确定辽河保护区支流汇入口人工湿地工程的类型、规模、工程量和工程投资。

(2)确定湿地工程的工艺方案。

(3)确定本期湿地建设工程方案、工程总投资,并研究与本工程有关的其他问题。

(4)相关配套工程的方案设计。

6.2 工程规模与目标要求

6.2.1 需求分析

(1)水环境质量评价标准及指标体系。

断面水质评价

河流断面水质类别评价采用单因子评价法,即根据评价时段内该断面参评的指标中类别最高的一项来确定。描述断面的水质类别时,使用"符合"或"劣于"等词语。断面水质类别与水质定性评价分级的对应关系见表6-1。

河流、流域(水系)水质评价

河流、流域(水系)水质评价:当河流、流域(水系)的断面总数少于5个时,计算河流、流域(水系)所有断面各评价指标浓度算术平均值,然后按照"断面水质评价"方法评价,并按表6-1指出每个断面的水质类别和水质状况。

当河流、流域(水系)的断面总数在5个(含5个)以上时,采用断面水质类别比例法,即根据评价河流、流域(水系)中各水质类别的断面数占河流、流域(水系)所有评价断面总数的百分比来评价其水质状况。河流、流域(水系)的断面总数在5个以下时不作平均水质类别的评价。

表 6-1 断面水质定性评价

水质类别	水质状况	表征颜色	水质功能类别
Ⅰ～Ⅱ类水质	优	蓝色	饮用水水源地一级保护区、珍稀水生生物栖息地、鱼虾类产卵场、仔稚幼鱼的索饵场等
Ⅲ类水质	良好	绿色	饮用水水源地二级保护区、鱼虾类越冬场、洄游通道、水产养殖区、游泳区
Ⅳ类水质	轻度污染	黄色	一般工业用水和人体非直接接触的娱乐用水
Ⅴ类水质	中度污染	橙色	农业用水及一般景观用水
劣Ⅴ类水质	重度污染	红色	除调节局部气候外，使用功能较差

河流、流域（水系）水质类别比例与水质定性评价分级的对应关系见表 6-2。

表 6-2 河流、流域（水系）水质定性评价分级

水质类别比例	水质状况	表征颜色
Ⅰ～Ⅲ类水质比例≥90%	优	蓝色
75%≤Ⅰ～Ⅲ类水质比例<90%	良好	绿色
Ⅰ～Ⅲ类水质比例<75%，且劣Ⅴ类比例<20%	轻度污染	黄色
Ⅰ～Ⅲ类水质比例<75%，且20%≤劣Ⅴ类比例<40%	中度污染	橙色
Ⅰ～Ⅲ类水质比例<60%，且劣Ⅴ类比例≥40%	重度污染	红色

主要污染指标的确定

① 断面主要污染指标的确定方法。

评价时段内，断面水质为"优"或"良好"时，不评价主要污染指标。断面水质超过Ⅲ类标准时，先按照不同指标对应水质类别的优劣，选择水质类别最差的前 3 项指标作为主要污染指标。当不同指标对应的水质类别相同时计算超标倍数，将超标指标按其超标倍数大小排列，取超标倍数最大的前 3 项为主要污染指标。当氰化物或铅、铬等重金属超标时，优先作为主要污染指标。

确定了主要污染指标的同时，应在指标后标注该指标浓度超过Ⅲ类水质标准的倍数，即超标倍数，如高锰酸盐指数（1.2）。对于水温、pH 和溶解氧等项目不计算超标倍数。

$$超标倍数 = \frac{某指标的浓度值 - 该指标的Ⅲ类水质标准}{该指标的Ⅲ类水质标准}$$

② 河流、流域（水系）主要污染指标的确定方法。

将水质超过Ⅲ类标准的指标按其断面超标率大小排列，一般取断面超标率最大的前 3 项为主要污染指标。对于断面数少于 5 个的河流、流域（水系），按"断面主要污染指标的确定方法"确定每个断面的主要污染指标。

$$断面超标率 = \frac{某评价指标超过Ⅲ类标准的断面(点位)个数}{断面(点位)总数} \times 100\%$$

（2）评价结果。按照以上水环境质量评价标准及《地表水环境质量标准》（GB 3838—2002）中除水温、总氮、粪大肠菌群以外的 21 项指标对辽河保护区支流断面水质进行评价，结果见表 6-3。

表 6-3　2010 年评价辽河保护区支流断面水质状况

水体	水质断面	水质类别 （21 项指标）	水质 状况	超标指标及倍数
招苏台河	通江口	劣Ⅴ	重度污染	氨氮（9.6）； 总磷（2.4）； 挥发酚（7.1）
亮子河	—	—	—	—
王河	夏堡	Ⅳ	轻度污染	COD（0.4）； 挥发酚（0.2）； 石油类（0.2）
柴河	东大桥	Ⅳ	轻度污染	石油类（0.4）； 总磷（0.2）
秀水河	秀水河桥	—	—	—
长河	友谊桥	劣Ⅴ	重度污染	氨氮（1.7）； 石油类（0.9）； BOD（0.2）
左小河	八间桥	劣Ⅴ	重度污染	氨氮（10.5）； 挥发酚（2.0）； BOD（1.5）
养息牧河	旧门桥	劣Ⅴ	重度污染	氨氮（2.1）； BOD（1.0）； 高锰酸盐指数（0.8）
一统河	辽化排污口	劣Ⅴ	重度污染	氨氮（5.9）； BOD（2.1）； 高锰酸盐指数（1.7）

6.2.2 问题及需求分析

6.2.2.1 问题

辽河保护区水环境质量及水生态存在以下问题：

（1）支流污染严重，入干污染负荷较大，其中尤以氨氮污染最为突出，严重影响辽河保护区干流水环境质量。

（2）水生态系统破坏严重，水生生物多样性较差，与 20 世纪七八十年代的鱼类调查结果相比较，辽河干流鱼类的种类和数量急剧减少，仅保留 10 种左右。

（3）支流季节性含砂量大，支流汇入口泥砂淤积较严重，人工湿地工程建设难度较大。

（4）干流、支流洪水位变化大，对人工湿地防洪要求高。

6.2.2.2 需求

随着区域经济、人口的发展，大量污染物排入河流系统，以及流域生态环境的破坏引起水质恶化，导致河流生态系统结构和功能破坏，突出表现在水质恶化乃至黑臭、水生态严重退化甚至破坏、河流景观格局破坏、水资源过度利用等，严重制约了区域经济的可持续发展。

目前，辽河保护区干流已经逐步建立起较好的入河排污口监管及保护体系，从而促使大部分点源污染转移到各个支流，使得支流成为辽河干流污染物的主要来源。因此，支流河口湿地发挥着重要的生态调节功能，可有效地截留并净化支流来水中的污染物，有助于确保辽河干流水质达标。辽河干流共有一级支流 33 条，其中无污染或轻污染支流 8 条，中度污染支流 16 条，重度污染支流 9 条。"十二五"东北老工业基地的全面振兴和沈阳经济区的快速建设，给辽河 33 条支流的水质改善带来了巨大压力。因此，在招苏台河、亮子河等 9 个中度/重度污染支流河口构建支流河口人工湿地，对于改善支流入干水质、恢复支流河口区生态系统、提高保护区生物多样性具有十分明显的环境生态效益，同时具有水量调蓄和生态景观的功能。

6.2.3 建设规模

辽河保护区"十二五"期间规划建设 9 个支流汇入口人工湿地，建设规模共计 14.4 km^2。

6.3 场址选择

6.3.1 辽河保护区支流汇入口情况

辽河干流共有一级支流 33 条，其中无污染或轻污染支流 8 条，中度污染支流 16 条，重度污染支流 9 条。中度/重度污染支流按污染物质和污染源又可分为：工业主导型支流（2 条）、农业面源污染主导型支流（10 条）、城市生活污染主导型支流（5 条）、工业污染与城市生活污染混合主导型支流（8 条）。

6.3.1.1 按污染梯度分类

（1）无污染或轻污染支流。指标：水质不超标或个别时段超标（全年<25%），COD<40 mg/L，氨氮<2 mg/L，DO>5 mg/L，无任何臭味，河中有鱼。

所含支流：业民镇无名河 1、业民镇无名河 2、柴河、平顶堡镇河沟、小河子、三面船乡小河子河、南窑村无名小河、燕飞里排干。

（2）中度污染支流。指标：水质超标（全年>75%），COD 40～80 mg/L，氨氮 2～8 mg/L，DO 3～5 mg/L，基本无臭味或很轻，河中可能有鱼。

所含支流：东辽河、西辽河、招苏台河、清河、梅林河、王河、拉马河、沙河、汎河、长沟河、公河（三河下拉）、长河、养息牧河、秀水河、柳河、小柳河。

（3）重度污染支流。指标：水质超标严重（全年），流量大，COD 80～100 mg/L，氨氮 10～30 mg/L，DO<1 mg/L，黑臭有味，基本无鱼。

所含支流：亮子河、亮沟子河、左小河、付家窝堡排干、螃蟹沟、一统河、太平河、清水河、绕阳河。

6.3.1.2 按污染物和污染源分类（中度/重度污染支流）

（1）工业主导型支流（伴有部分农业面源污染）。所含支流：招苏台河、长沟河。

（2）农业面源污染主导型支流。所含支流：东辽河、西辽河、沙河、公河（三河下拉）、秀水河、柳河、梅林河、王河、养息牧河、拉马河。

（3）城市生活污染主导型支流。所含支流：汎河、亮沟子河、长河、付家窝堡排干、太平河。

（4）工业污染与城市生活污染混合主导型支流。所含支流：绕阳河、亮子河、清河、左小河、螃蟹沟、小柳河、一统河、清水河。

6.3.2 场址选择

通过对辽河 33 条一级支流的调研和支流汇入口的实地考察，从中选择了 9 个条件比较适宜的支流汇入口作为辽河保护区"十二五"期间支流汇入口人工湿地建设场址（表6-4）。

表6-4　支流汇入口人工湿地选址

序号	湿地名称	工程地点	主体功能	工程面积/km²	湿地系统面积/km²	地理位置
1	长河汇入口人工湿地	长河河口	生态恢复、水质净化	4.7	4.7	N 42°09'27.62" E 123°26'22.26"
2	招苏台河汇入口人工湿地	招苏台河口	污染物净化	2.5	2.0	N 42°38'02.02" E 123°39'57.37"
3	亮子河汇入口人工湿地	亮子河口	污染物净化	1.0	1.0	N 42°27'50.76" E 123°48'57.46"
4	柴河汇入口人工湿地	柴河口	生态恢复	1.4	0.4	N 42°19'55.05" E 123°51'17.14"
5	王河汇入口人工湿地	王河口	生态恢复	1.0	1.0	N 42°24'56.49" E 123°47'12.70"
6	左小河汇入口人工湿地	左小河口	污染物净化	0.6	0.4	N 42°07'59.38" E 123°22'41.32"
7	秀水河汇入口人工湿地	秀水河口	生态恢复	0.8	0.6	N 42°06'40.92" E 123°03'18.15"
8	养息牧河汇入口人工湿地	养息牧河口	生态恢复	1.8	1.6	N 42°04'30.99" E 122°57'56.30"
9	一统河汇入口人工湿地	一统河口	污染物净化	0.6	0.6	N 41°10'34.94" E 122°00'13.17"

6.4 场址条件

6.4.1 长河汇入口

万泉河位于沈阳市沈北新区，全长 32 km，河道宽约 50 m，河面宽 12～15 m，上游西小河、羊肠河、万泉河在石佛寺水库堤外汇合，然后在友谊桥处与长河汇合，最后在高坎村东侧入辽河干流。长河河段上有城市污水处理厂和黄家乡矾厂污水排口，由于辽河涨水，长河河口附近及上游区域水量较大，河岸边大量树木及庄稼被淹没。平时流量为 3～8 m³/s，水质大多为劣Ⅴ类，主要超标因子为氨氮（1～5 倍），COD 20 mg/L。规划的万全河汇入口湿地位于石佛寺水库下游，紧邻沈康高速路，全长约 6.0 km，规划区内主要是河口滩涂，适宜建设湿地（图 6-1）。

图 6-1 长河（万泉河）汇入口

6.4.2 招苏台河汇入口

位于铁岭市昌图县通江口乡沙坨村，河口上溯 6 km，常年有水，枯水期流量 35 m³/s，水深 2 m，丰水期流量 300 m³/s，水深 5 m，入河口宽 70 m，有岸坎，地势平坦。该河是入省河流，在辽宁省内沿岸主要为农村，有吉林工业污水汇入。污染较重，枯水期为劣Ⅴ类水质，主要污染因子为氨氮和 COD，分别超标 2～20 倍和 2 倍。规划的招苏台河口湿地区河流长度约 5 km，河口区东侧和北侧为辽河河堤，河堤内部有大片的农田，目前已经被辽河保护区管理局收回，不存在土地征用问题，该处地形地貌和水文条件均比较适宜建设人工湿地（图 6-2）。

图 6-2　招苏台河汇入口

6.4.3　亮子河汇入口

位于开原市庆云乡后施堡村，河口上溯 3 km，常年有水，枯水期流量 3 m³/s，水深 0.4 m，丰水期流量 10 m³/s，水深 1 m，入河口宽 30 m，有岸坎，地势平坦。该河为辽宁省内河流，沿岸主要为农村，有工业污水汇入。污染较重，有漂浮物，味臭，污水主要来源于庆云堡生活污水及工业废水。主要污染因子为氨氮，超标 1 倍。紧邻的后施堡村有 600 户 3 500 人，2 km 处的前施堡村有 750 户 4 500 人。规划的亮子河口人工湿地位于入河口河堤内侧，河堤内主要是河滩和沼泽地，河堤外为村庄，湿地区内河道长度为 2.5 km，可建设湿地区面积 1 km²（图 6-3）。

图 6-3　亮子河支流汇入口

6.4.4　柴河汇入口

位于铁岭市银州区龙山乡柴河沿村，入河口为铁岭城市段，河口上溯 2.5 km，常年有水，水量受上游柴河水库控制，枯水期流量 20 m³/s，水深 2 m，丰水期流量 80 m³/s，水深 4 m，入河口宽 300 m，河滩面积 0.75 km²，无岸坎，地势平坦。该河流经农村，基本没有工业污水汇入，水质较好，达到 Ⅴ 类以下。紧邻的柴河沿村有 150 户 500 人。规划的柴河口人工湿地区依河而建，湿地区内河道长度约为 2.4 km，面积为 1.4 km²（图6-4）。

6.4.5　王河汇入口

位于铁岭市铁岭县镇西乡泉眼沟村，河口上溯 1.5 km，常年有水，枯水期流量 0.5 m³/s，水深 0.5 m，丰水期流量 2 m³/s，水深 2 m，入河口宽 100 m，河滩面积 0.2 km²，有岸坎，地势平坦。800 m 处有泉眼沟村 400 户 1 500 人。规划的王河口人工湿地区内主要由滩涂和农田组成，其中农田已经全部被保护区管路局收回，河口周边为农田，离城镇较远，地貌和水文特征适宜建设人工湿地。规划区域内河道长度 2.4 km，规划区面积 1.0 km²（图 6-5）。

图 6-4　柴河汇入口

6.4.6 左小河汇入口

位于沈阳市沈北新区，全长 14 km，河道宽大约 70 m，河面宽 30 m，在八间房段，河水浑浊，有异味。左小河在沈北新区北部入拉塔湖，最后在拉塔湖北入辽河干流，由于辽河干流涨水，将左小河入辽河口淹没。河口两侧为农田，河口为喇叭形，入河处宽约 150 m。河口处大片农田和树木被河水淹没。左小河河段上，由于沈北新区污水处理厂已经停止运行，新城子地区大部分城市生活污水（大约 4.0 万 t）通过市政管网直接排入左小河，污染左小河水质。平时流量 2~3 m³/s，水质大多为劣 V 类，主要超标因子为氨氮（1~12 倍），COD 37 mg/L。规划的左小河人工湿地区内主要是河滩和荒地，周边河堤外侧为农田，离城镇距离较远，湿地区内河道长度为 1.8 km，规划湿地面积为 0.6 km^2（图 6-6）。

图 6-5　王河汇入口

6.4.7　秀水河汇入口

位于沈阳市新民市公主屯镇关家窝堡村。关家窝堡村人口 600 人，大约 200 户，生活用水为自打井。辽河涨水时，汇入口处水量较大，大片农田和树木浸泡在水中。平均流量 0.2 m^3/s，COD 58.2 mg/L，氨氮 2.36 mg/L。规划的河口湿地区为沙土淤积而成，呈三角形布局，自然条件下有部分植被生长，河道长度为 1.8 km，规划湿地区面积为 0.8 km^2（图 6-7）。

6.4.8　养息牧河汇入口

位于沈阳市新民市北三村吉祥堡。由于辽河涨水，河口处水量较大，岸边为耕地，其中大片耕地被水淹没，河口处宽约 150 m。有断流现象发生，水质较差，COD 31 mg/L，氨氮 1.69 mg/L，BOD 12 mg/L。养息牧河河口地势平坦，面积宽广，自然条件下有部分植被生长，规划湿地区内河道长度为 1.6 km，面积为 1.8 km^2（图 6-8）。

图 6-6　左小河汇入口

图 6-7　秀水河支流汇入口

图 6-8　养息牧河支流汇入口

6.4.9　一统河汇入口

　　流经盘锦市区内，为排污河，河水为小柳河分水以及城市污水和辽化污水排入，最后在双台子区辽河街道谷家闸汇入辽河干流，现在正计划对一统河两岸进行改造规划，建设成河岸公园。一统河水质较差，COD 超标 0.5 倍左右，氨氮超标 3～4 倍，BOD 超标0.1～1.1 倍。规划的一统河河口湿地区现在为大片荒地和滩涂，自然条件下有部分植被生长。此外，该处地势较高，受洪水影响较小，适宜建设人工湿地湿地，可利用土地面积约为 0.60 km^2（图 6-9）。

图 6-9　一统河支流汇入口

6.5　建设方案

6.5.1　设计指导思想与原则

6.5.1.1　指导思想

　　结合当地自然条件和历史条件，以充分体现"安全、生态、景观、文化"一体、实现人与自然和谐相处为指导思想，使入河口人工湿地建设工程既能够实现人们期望的城镇防洪的功能价值，又能兼顾建设一个健全的河流生态系统，实现水的可持续利用，同时还能满足人们对景观及文化方面的高层次的精神需求。

6.5.1.2 原则

项目建设的总体设计原则是：减源、截留、修复。减源即从源头减少污染物向河流的排放；截留即通过生物和生态工程的技术实现对河流中的污染物控制或对养分元素进行生物截留；修复即采取生态学原理和生态工程技术恢复该地区的生态功能。

6.5.2 方案总体布局

辽河保护区支流汇入口主要分布在铁岭、沈阳和盘锦 3 个城市，所选择的支流汇入口人工湿地分布见图 6-10。

图 6-10　工程方案布局图

6.6 方案论证

6.6.1 长河汇入口人工湿地

6.6.1.1 场址与建设内容

（1）场址选择。根据《辽河保护区"十二五"治理与保护规划（总规）》的要求，项目组通过对长河入辽河干流区域的交通、土地权属、土地利用现状、土地面积、地形、气象、水文以及动植物生态的资料调研，同时通过对该区的工程地质、水文地质等方面的实地勘察。在充分考虑洪水、潮水或内涝的威胁，且不影响行洪安全的条件下，选择长河入河口人工湿地的建设位置，如图 6-1 所示。

（2）建设内容。本项目对长河入辽河干流 4 km 段进行综合整治，以达到河道水质及景观的明显改善。主要建设工程有：

　　① 生态前置库的建设；

　　② 对 4 km 河段底泥进行清淤；

　　③ 4 km 生态河道构建；

　　④ 4.7 km² 人工湿地建设。

6.6.1.2 设计进出水水质

　　根据长河汇入口友谊桥断面水质情况，该汇入口人工湿地设计进、出水水质如表 6-5 所示。

表 6-5　长河汇入口人工湿地系统设计进出水水质　　　　　　　　单位：mg/L

项目		DO	pH	高锰酸盐指数	COD$_{Cr}$	BOD$_5$	氨氮	石油类
现状水质	2011 年 4 月	8.0	7.2	8.4	29	9	3.08	0.1
	2011 年 7 月	8.4	7.8	3.6	10	2	0.76	0.1
	2011 年 10 月	8.7	7.7	6.6	12	3	2.56	0.2
设计进水水质		5	6～9	20	50	15	4	0.3
设计出水水质		6	6～9	10	30	6	2.0	0.5
设计去除率/%		—	—	40～70	40～70	40～70	20～50	20～50

6.6.1.3 工程建设方案

　　设计总体思路：针对长河的水质特点、地区条件，本工程由生态前置库和人工湿地两段构成，工艺流程如图 6-11 所示。

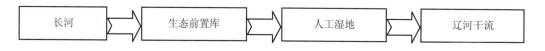

图 6-11　人工湿地系统流程图

　　据 Benndor 对 Saxony 地区的 11 个前置库的研究结果，前置库在滞水时间为 2～12 d 的情况下，对正酸盐的去除率可达 34%～61%，对总磷的去除率可达 22%～64%。对 Eibenstock 地区的 5 个前置库的研究表明，11 月至翌年 4 月期间磷的去除率约为 60%，5 至 10 月期间为 40%[61]。前置库的设计、建造和运行是影响磷去除率的关键因素。在设计过程中要考虑光照、温度、水力参数、水深、滞水时间、前置库库容、存贮能力、污染负荷等因子。对氮的去除率是滞水时间和氮、磷比的函数，一般氮、磷比越小，去除率越大。

　　综合经典前置库和砾石床人工湿地对污染物净化的原理，建立强化净化前置库系统，可大大提高对氮、磷等营养物质的去除能力。

根据国内外已经运行的前置库、砾石床人工湿地对污染物净化的效果，沉降带、浅水生态净化区、深水强化净化区的总氮、总磷、泥沙的去除率可分别达到5%～40%、10%～60%、20%～70%，经强化净化前置库系统处理后，预计总氮、总磷、泥沙的去除率可分别达到70%、80%、90%以上。

（1）生态前置库工程。

前置库工程设计和5.3.1相同。

生态前置库工程量估算如下：

① 沉降系统段：长约300 m。边坡比按1∶2.5，坡顶为2.0 m高，河道宽度按20 m计算。

开挖土方量：1/3×2.0 m×300 m×20 m=4 000 m³。

② 砾石床段：长约200 m。边坡比按1∶2.5，坡顶为2.0 m高，河道宽度按20 m计算。

开挖土方量：1/3×2.0 m×200 m×20 m=2 667 m³；

碎石填料量：200 m×2 m×20 m=8 000 m³；

植物种植量：挺水植物面积为200 m×20 m=4 000 m²。

③ 植物滤床段：长约200 m。边坡比按1∶2.5，坡顶为2.5 m高，河道宽度按20 m计算。

开挖土方量：1/3×2.5 m×300 m×20 m=5 000 m³；

沉水植物面积：200 m×20 m=4 000 m²；

挺水植物面积：200 m×20 m=4 000 m²。

④ 强化净化区：长约300 m。边坡比按1∶2.5，坡顶为4 m高，河道宽度按20 m计算。

开挖土方量：1/3×4.0 m×300 m×20 m=8 000 m³；

沉水植物面积：300 m×20 m=6 000 m²；

挺水植物面积：300 m×20 m=6 000 m²；

人工浮岛面积：50 m×15 m=750 m²。

（2）人工湿地处理工程。

① 长河平时流量为3 m³/s，根据公式：

$$q_{hs}=Q/A \tag{6-1}$$

式中：q_{hs} —— 表面水力负荷，$m^3/(m^2 \cdot d)$；

　　　　Q —— 人工湿地设计水量，m^3/d；

　　　　A —— 人工湿地面积，m^2。

根据《人工湿地污水处理工程技术规范》（HJ 2005—2010）中规定的上限0.1 $m^3/(m^2 \cdot d)$的要求，取人工湿地的水力负荷为0.055 $m^3/(m^2 \cdot d)$，经过计算，本工程拟建设表面流人工湿地4.7 km²。当人工湿地水深为0.4 m时，水力停留时间为7天。

② 人工湿地费用。在河岸建设表面流人工湿地 4.7 km²。人工湿地建设按较高标准的 600 元/m³ 水，则费用约为 15 552 万元，人工湿地内种植的植物以芦苇、水葱、菖蒲等本土植物为主。

6.6.2　招苏台河汇入口人工湿地

6.6.2.1　场址与建设内容

场址选择：如图 6-2 所示。

建设内容：本项目对招苏台河入辽河干流 4 km 段进行综合整治，以达到河道水质及景观的明显改善。

主要建设工程有：① 生态前置库的建设；② 对 4 km 河段底泥进行清淤；③ 4 km 生态河道构建；④ 2 km² 人工湿地建设。

6.6.2.2　设计进出水水质

根据招苏台河汇入口通江口断面水质情况，该汇入口人工湿地设计进、出水水质如表 6-6 所示。

表 6-6　招苏台河汇入口人工湿地系统设计进出水水质　　　　单位：mg/L

断面级别	年	月	DO	pH	COD_{Mn}	COD_{Cr}	BOD_5	氨氮
	2010	04	10.2	7.75	17.4	33	7	9.64
招苏台河	2010	07	14.4	7.82	8.4	40	10	0.16
	2010	10	7.4	7.65	4.6	18	7	0.9
平均值			10.7	7.7	10.1	30.3	8.0	3.6
类别			I		V	V	V	劣V
出水要求					≤10	≤30	≤6	≤1.5

6.6.2.3　工程建设方案

设计总体思路：生态强化集成新工艺。该工艺是根据多年的研究和实践经验，专门针对本工程的水质特点、地区条件提出的，由生态前置库、生态河道和人工湿地三段构成。工艺流程如图 6-12 所示。

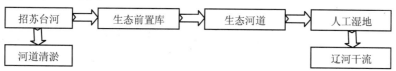

图 6-12　生态强化集成新工艺示意图

（1）生态前置库工程。

生态前置库设计

本工程拟在招苏台河以上 5 km 处建设生态前置库。前置库由 3 个部分组成，即沉降带、强化净化系统和导流与回用系统。强化净化系统又分为浅水生态净化区、深水强化净化区。

生态前置库工程量估算

① 沉降系统段：长约 300 m。边坡比按 1：2.5，坡顶为 2.0 m 高，河道宽度按 30 m 计算。

开挖土方量：1/3×2.0 m×300 m×30 m=6 000 m³。

② 砾石床段：长约 200 m。边坡比按 1：2.5，坡顶为 2.0 m 高，河道宽度按 30 m 计算。

开挖土方量：1/3×2.0 m×200 m×30 m=4 000 m³；

碎石填料量：200 m×2 m×30 m=12 000 m³；

植物种植量：挺水植物面积为 200 m×30 m=6 000 m²。

③ 植物滤床段：长约 200 m。边坡比按 1：2.5，坡顶为 2.5 m 高，河道宽度按 30 m 计算。

开挖土方量：1/3×2.5 m×300 m×30 m=7 500 m³；

沉水植物面积：200 m×30 m=6 000 m²；

挺水植物面积：200 m×30 m=6 000 m²。

④ 强化净化区：长约 300 m。边坡比按 1：2.5，坡顶为 4 m 高，河道宽度按 30 m 计算。

开挖土方量：1/3×4.0 m×300 m×30 m=1.2 万 m³；

沉水植物面积：300 m×30 m=9 000 m²；

挺水植物面积：300 m×30 m=9 000 m²；

人工浮岛面积：50 m×20 m=1 000 m²。

（2）生态河道工程。

生态河道内涵

生态河道的第一层涵义是河床生态。河床生态主要由河床内水生生物和它们的生境组成。

河道生态的第二层涵义是河岸生态。

生态河道的建设就是要创造适宜河道内水生生物生存的生态环境，形成物种丰富、结构合理、功能健全的河道水生态系统。

生态河道设计

在生态河道设计方面，根据很多国家的实践经验，建议在规划引水河线形走向范围内，采用类似自然河道的弯曲河道走向，并在不同弯曲处设置浅滩、深潭、沙洲、丁坝等，营造出丰富的河床形态，进而为不同的水生植物、昆虫、鱼类以及鸟类等各种生物提供栖息环境，维持河流生态系统的生物多样性。同时，在滩涂、滨水带和低水位护岸上种植不同种类的本土植物，在净化水质、稳固河床护岸的同时，起到美化河流景观的作用。在植物种类的选择方面，建议在弯曲河道中筛选接种不同种类的本土植物，优化各种移植技术，让其在河道的不同区位中自然繁殖，形成 5 km 的自然生态河道。这样，整个工程投资较低，植物较易移植，污染物去除效果好，且配合沿河两岸绿化，达到良好的景观美化效果（图 6-13）。

图 6-13 典型的水生生态河道

本工程总体布局主要包括：河道生态清淤工程，砾石生态河床构建及生态护岸设计工程。

① 河道生态清淤。河道生态清淤方案同 5.3.2。

② 砾石生态河床构建。河道清淤后，构建砾石生态河床。砾石厚度为 0.5 m 左右，铺满整个河底，长度为 5 km。砾石是适于微生物附着的良好介质，表面很快可长出厚厚的生物膜，使水与生物膜的接触面积增大数十倍甚至上百倍。水中污染物在砾间流动过程中与砾石上附着的生物膜接触、沉淀，进而被生物膜作为营养物质而吸附、氧化分解，从而使水质得到改善。同时，砾石和沉水植物结合的河床基质条件比较适合底栖动物的生长。

③ 生态护岸设计。生态护岸设计同 4.7.2。

工程费用估算

① 河底生态清淤。招苏台河规划段清淤厚度为 0.4～0.5 m，宽度 30 m，清淤总长 5 km，清淤土方量：5 000 m×0.5 m×30 m=7.5 万 m³。

② 砾石生态河床。

河床碎石量：5 000 m×0.5 m×30 m=7.5 万 m³。

③ 水生生态河道构建。

沉水植物：种植在标高 2.0 m 以下，坡岸宽度为 1.0 m 的区域，面积=1.0 m×5 000 m×

2=1 万 m²；

挺水植物：种植在标高 2.0～2.7 m 的坡岸上，坡岸宽度为 2.21 m，面积=2.21 m×5 000 m×2=2.21 万 m²；

草坪植被：种植在标高 3.75 m 以上的坡岸上，坡岸宽度为 0.79 m，面积=0.79 m×5 000 m×2=7 900 m²；

湿生植物：种植在标高 2.7～3.75 m 的坡岸上，坡岸宽度为 3.32 m，面积=3.32 m×5 000 m×2=3.32 万 m²；

绿化土：覆盖在标高 2.7 m 以上坡岸上，坡岸宽度为 4.11 m，所需绿化土量=4.11 m×0.2 m×5 000 m×2= 8 220 m³。

（3）人工湿地处理工程。

① 表面流人工湿地处理原理如图 6-14 所示。

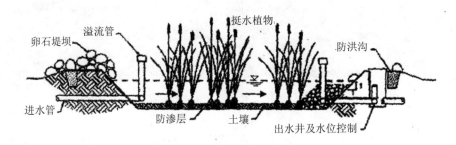

图 6-14　表面流人工湿地构造

② 人工湿地建设。本工程拟在招苏台河右岸建设表面流人工湿地 2 km²。根据《人工湿地污水处理工程技术规范》（HJ 2005—2010），设定人工湿地的水力负荷为 0.05 m³/（m²·d），根据 6.6.1 节中公式（6-1），计算出处理水量为 10 万 m³/d，同时，表面流人工湿地单元的建设长度为 2.5 km，宽度为 800 m，深度为 0.4 m。水力停留时间为 8 天。

③ 人工湿地费用。在河右岸建设表面流人工湿地 2 km²。人工湿地建设按较高标准的 600 元/m³ 水，则费用约为 6 000 万元，人工湿地内种植的植物以芦苇、水葱、菖蒲等本土植物为主。

6.6.3 亮子河汇入口人工湿地

6.6.3.1 场址与建设内容

场址选择：根据《辽河保护区"十二五"治理与保护规划（总规）》的要求，项目组通过对亮子河入辽河干流区域的交通、土地权属、土地利用现状、土地面积、地形、气象、水文以及动植物生态的资料调研，同时通过对该区的工程地质、水文地质等方面的实地勘察，在充分考虑洪水、潮水或内涝的威胁，且不影响行洪安全的条件下，选择亮子河入河口人工湿地的建设位置（见图6-3）。

建设内容：本项目对亮子河入辽河干流2.5 km段进行综合整治，以达到河道水质及景观明显改善的目的。主要建设工程有：① 生态前置库的建设；② 对2.5 km河段底泥进行清淤；③ 2.5 km生态河道构建；④ 1 km² 人工湿地建设。

6.6.3.2　设计进出水水质

根据亮子河汇水水质情况，该汇入口人工湿地设计进、出水水质如表6-7所示。

表6-7　亮子河汇入口人工湿地系统设计进出水水质　　　　　　单位：mg/L

断面级别	年	月	DO	pH	COD_{Mn}	COD_{Cr}	BOD_5	氨氮
亮子河	2011	01	4.5	7.6	—	26	6	1.76
		03	9.3	7.3	—	29	5	1.85
		04	6.4	7.3	—	28	10	1.62
平均值			6.73	7.40		27.67	7.00	1.74
类别			II			IV	IV	V
出水要求（III类）			—	—	≤10	≤20	≤4	≤1.0

6.6.3.3　工程建设方案

设计总体思路：针对亮子河的水质特点、地区条件，本工程由生态河道和人工湿地两段构成。工艺流程图如图6-15所示。

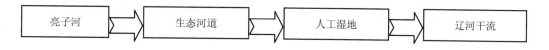

图6-15　亮子河工艺流程图

（1）生态河道工程。

生态河道设计

在生态河道设计方面，根据很多国家的实践经验，建议在规划引水河线形走向范围内，采用类似自然河道的弯曲河道走向，并在不同弯曲处设置浅滩、深潭、沙洲、丁坝等，营造出丰富的河床形态，进而为不同的水生植物、昆虫、鱼类以及鸟类等各种生物提供栖息环境，维持河流生态系统的生物多样性。同时，在滩涂、滨水带和低水位护岸上种植不同种类的本土植物（图6-16），在净化水质、稳固河床护岸的同时，起到美化河流景观的作用。在植物种类的选择方面，建议在弯曲河道中筛选接种不同种类的本土植物，优化各种移植技术，让其在河道的不同区位中自然繁殖，形成2.5 km的自然生态河道。这样，整个工程投资较低，植物较易移植，污染物去除效果好，且配合沿河两岸绿化，达到良好的景观美化效果。

图 6-16　典型的水生生态河道

本工程总体布局主要包括：河道生态清淤工程，砾石生态河床构建及生态护岸设计工程。

① 河道生态清淤。和 6.6.2 河道清淤设计相同。

② 砾石生态河床构建。设计同 6.2.2，建设长度为 2.5 km 的砾石生态河床。

③ 生态护岸设计同 4.7.2。

工程费用估算

① 河底生态清淤。亮子河规划段清淤厚度为 0.4～0.5 m，宽度为 30 m，清淤总长 2.5 km，清淤土方量：2 500 m×0.5 m×30 m=3.75 万 m³。

② 砾石生态河床。河床碎石量：2 500 m×0.5 m×30 m=3.75 万 m³。

③ 水生生态河道构建

沉水植物：种植在标高 2.0 m 以下，坡岸宽度为 1.0 m 的区域，面积= 1.0 m×2 500 m×2=5 000 m²；

挺水植物：种植在标高 2.0～2.7 m 的坡岸上，坡岸宽度为 2.21 m，面积= 2.21 m×2 500 m×2=1.105 万 m²；

草坪植被：种植在标高 3.75 m 以上的坡岸上，坡岸宽度为 0.79 m，面积= 0.79 m×2 500 m×2=3 950 m²；

湿生植物：种植在标高 2.7～3.75 m 的坡岸上，坡岸宽度为 3.32 m，面积= 3.32 m×2 500 m×2=1.66 万 m²；

绿化土：覆盖在标高 2.7 m 以上的坡岸上，坡岸宽度为 4.11 m，所需绿化土量= 4.11 m×0.2 m×2 500 m×2=4 110 m³。

（2）人工湿地处理工程。本工程拟在亮子河左、右岸建设表面流人工湿地 1 km²。根据《人工湿地污水处理工程技术规范》（HJ 2005—2010），设定人工湿地的水力负荷为 0.09 m^3/（$m^2 \cdot d$），根据 6.6.1 节中公式（6-1），计算出处理水量为 9 万 m^3/d。

在河岸建设表面流人工湿地 1 km^2。人工湿地建设按较高标准的 600 元/m^3 水，则费用约为 5 400 万元，人工湿地内种植的植物以芦苇、水葱、菖蒲等本土植物为主。

6.6.4 左小河汇入口人工湿地

6.6.4.1 场址与建设内容

（1）场址选择：左小河位于沈阳市沈北新区，全长 14 km，河道宽约 70 m，河面宽 30 m，在八间房段，河水浑浊，有异味。左小河在沈北新区北部入拉塔湖，最后在拉塔湖北入辽河干流，河口两侧为农田，河口为喇叭形，入河处宽约 150 m（如图 6-17 所示）。由于沈北新区污水处理厂已经停止运行，新城子地区大部分城市生活污水（约 4.0 万 t）通过市政管网直接排入左小河，污染了左小河水质。左小河平时流量 2～3 m^3/s，水质大多为劣 V 类，主要超标因子为氨氮（1～12 倍），COD 37 mg/L。

（2）建设内容：河道清淤及生态河道工程、湿地主体工程（木本、草本、滩涂等）、配套基础设施、防洪导流工程。

6.6.4.2 设计进出水水质

根据左小河汇入口八间房桥断面水质情况，该汇入口人工湿地设计进、出水水质如表 6-8 所示。

表 6-8 左小河汇入口人工湿地系统设计进出水水质 单位：mg/L

项目		DO	pH	高锰酸盐指数	COD_{Cr}	BOD_5	氨氮	石油类
现状水质	2011 年 4 月	8.1	7.12	10.0	40	14	11.2	0.10
	2011 年 7 月	3.8	7.93	12.4	47	24	46.0	0.05
	2011 年 10 月	5.5	7.83	7.4	23	6	7.6	0.14
设计进水水质		5	6～9	20.0	50	30	15.0	0.20
设计出水水质		7	6～9	10.0	20	10	5.0	0.10
设计去除率/%		—	—	40～70	50～70	50～70	50～70	20～50

6.6.4.3 工程建设方案

（1）总平面布置。本工程位于左小河河口（上溯 1.8 km），面积 0.6 km^2。针对本工程的水质特点、地区条件，在先对河道进行清淤的基础上构建生态河道，再将河水引入人工湿地处理系统，出水直接排入辽河。总平面布置如图 6-17 所示。

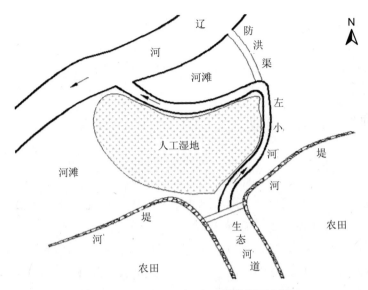

图 6-17　左小河汇入口人工湿地平面布置

（2）工艺流程设计。左小河支流汇入口湿地基本工艺流程选择如图 6-18 所示。

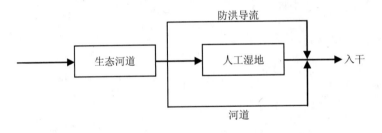

图 6-18　左小河支流汇入口湿地工艺流程图

（3）工艺形式。生态河道：主要包括河道生态清淤，卵砾石生态河床及滨水带生态砼净化槽护岸。

湿地系统：湿地系统由分水坝和数处湿地单元构成，人工湿地总面积为 0.4 km²，处理水量约 40 000 m³/d。

（4）设计参数。

生态河道

①河底生态清淤。左小河生态河道段清淤厚度为 0.4～0.5 m，清淤总长 1 km。

②卵砾石生态河床。河道清淤后，在清淤河段设置卵砾石生态河床。卵砾石厚度为 0.5 m 左右，铺满整个河底。河床上种植沉水植物菹草、金鱼藻和苦草；卵砾石和沉水植物结合的河床基质条件比较适合底栖动物的生长。

③滨水带生态砼净化槽护岸。河流滨水带生态砼净化槽通过沿河流滨水带设置生态

砼槽，将挺水植物限制在槽内生长，按照对河道水体环境和生态修复具有良好作用并适合河流水体特征的原则，形成河流滨水带水生植物湿地净化系统。护岸净化槽长 1 000 m，坡角为无砂混凝土槽，板厚 0.2 m，槽宽 0.6 m，槽内种植芦苇和茭草，密度 10～15 棵/m²。

湿地系统

① 表面有机负荷。表面有机负荷一般为 15～50 kgBOD/（hm²·d），为保证人工湿地系统处理的效果，该设计表面有机负荷采用 20 kgBOD/（hm²·d），处理水量约为40 000 m³/d。

② 水力负荷与水力停留时间。人工湿地水力负荷一般<0.1 m³/（m²·d），该设计水力负荷为 0.1 m³/（m²·d）。水力停留时间一般为 4～8 d，该工程为 5 d。

③ 平面形状与尺寸。人工湿地依河而建，呈三角形，面积约为 0.4 km²。

④ 竖向布置。人工湿地平均水深约 0.5 m，底层铺设卵石，卵石层以上种植吸收氮磷及降解 COD 的挺水植物。

⑤ 集、配水及出水。分水坝位于人工湿地进水口，长 20 m，断面为 1 m×0.9 m，浆砌石结构，直线布置。左小河来水经过生态河道预处理后经布水渠进入人工湿地区，人工湿地区内均布置有两条布水渠，向湿地区内布水。经湿地处理后的出水由湿地末端的出水堰溢流进入辽河干流。

⑥ 清淤。人工湿地系统计划每年清淤一次。

⑦ 植物选择与种植。左小河属于污染严重的支流，因此选择芦苇、香蒲等控污型植物，这些经济植物还可在秋后收割，用作造纸、堆肥等原料。

6.6.4.4 配套基础设施建设方案

为防止洪水对湿地区的破坏，在湿地轮廓周边建设防洪导流渠，防洪渠宽 3 m，深 2 m，由浆石砌成。当上游来水大于设计处理流量时，超出设计流量的部分直接经导流渠进入辽河干流。

6.6.4.5 工程量

（1）河底生态清淤。左小河生态河道段河床平均宽度 180 m，清淤厚度为 0.4～0.5 m，清淤总长 1 km，清淤土方量为：1 000 m×0.5 m×180 m=9 万 m³。

（2）卵砾石生态河床。卵砾石厚度为 0.5 m 左右，生态河道段河床平均宽度 180 m，总长 1 km，河床碎石量为：1 000 m×0.5 m×180 m=9 万 m³。

（3）滨水带生态砼净化槽护岸，构建 1 km 生态砼净化槽。

（4）防洪导流渠。防洪导流渠沿河流与湿地区交界边缘修建，宽 3 m，深 2 m，长度共计 1 000 m。开挖土方量为：3 m×2 m×1 000 m=6 000 m³。

（5）湿地主体工程。左小河支流汇入口人工湿地总面积为 0.4 km²，湿地区开完深度为 0.5 m，开挖土方量为 400 000 m² × 0.5 m=20 万 m³。

（6）植物种植量。

沉水植物面积：0.2 km²；

挺水植物面积：0.4 km²。

6.6.5 柴河汇入口人工湿地

6.6.5.1 场址与建设内容

场址选择：位于铁岭市银州区龙山乡柴河沿村，入河口为铁岭城市段，河口上溯 2.5 km，常年有水，水量受上游柴河水库控制，枯水期流量为 20 m³/s，水深 2 m，丰水期流量为 80 m³/s，水深 4 m，入河口宽 300 m，河滩面积 0.75 km²，无岸坎，地势平坦。流经农村，基本没有工业污水汇入，水质较好。

建设内容：人工湿地、配套基础设施、防洪导流工程。

6.6.5.2 设计进出水水质

根据柴河汇入口东大桥断面水质情况，该汇入口人工湿地设计进、出水水质如表 6-9 所示。

表 6-9　柴河汇入口人工湿地系统设计进出水水质　　　　　　　　单位：mg/L

项目		DO	pH	高锰酸盐指数	COD$_{Cr}$	BOD$_5$	氨氮	石油类
现状水质	2011 年 4 月	11.5	7.47	3.8	13	2	0.77	0.09
	2011 年 7 月	9.6	7.78	3.2	5	3	0.02	0.04
	2011 年 10 月	11.2	7.96	1.8	5	2	0.02	0.09
设计进水水质		9	6～8	5.0	15	6	1.00	0.10
设计出水水质		10	6～8	2.0	5	2	0.40	0.05
设计去除率/%		—	—	40～70	50～70	50～70	50～70	20～50

6.6.5.3 工程建设方案

（1）总平面布置。本工程位于柴河河口，面积 1.0 km²。在先对河道进行清淤的基础上构建生态河道，再将河水引入人工湿地处理系统，出水直接排入辽河。总平面布置如图 6-19 所示。

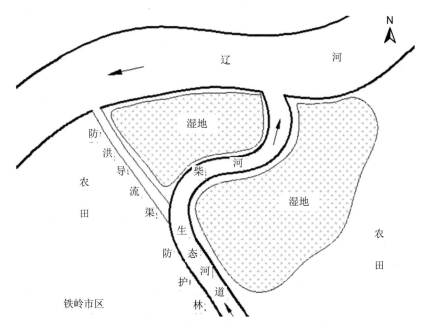

图 6-19　柴河汇入口人工湿地平面布置

（2）工艺流程设计。柴河支流汇入口湿地基本工艺流程选择如图 6-20。

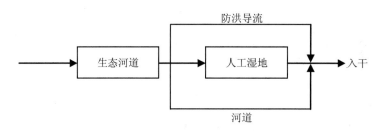

图 6-20　柴河支流汇入口湿地工艺流程图

（3）工艺形式。

生态河道：主要包括河道生态清淤，卵砾石生态河床，滨水带生态砼净化槽护岸和堤岸绿化。

湿地系统：湿地系统由分水坝和数处湿地单元构成，人工湿地总面积为 0.4 km²，处理水量约 40 000 m³/d。

（4）设计参数。

生态河道

① 河底生态清淤。柴河生态河道段清淤厚度为 0.5 m，清淤总长 1 km。

② 卵砾石生态河床。河道清淤后，在清淤河段设置卵砾石生态河床。卵砾石厚度为

0.5 m 左右，铺满整个河底。河床上种植沉水植物菹草、金鱼藻和苦草；卵砾石和沉水植物结合的河床基质条件比较适合底栖动物的生长。

③ 滨水带生态砼净化槽护岸。设计方法同 6.6.4。

④ 堤岸绿化工程。主要实施范围在河道堤岸以内的绿化带、斜坡及平台上，总面积20 000 m²，全部选用土著物种。护岸 3 m 内种植草坪植被，5 m 内构造防护林。绿化植物主要包括林木、乔木、灌木、草坪、花卉等。

斜坡植物：结缕草、香根草；

岸堤植物：垂柳、枫杨。

湿地系统

① 表面有机负荷。由于柴河污染较轻，该设计表面有机负荷采用 4 kgBOD/（hm²·d），处理水量约为 40 000 m³/d。

② 水力负荷与水力停留时间。人工湿地水力负荷一般<0.1 m³/（m²·d），该设计水力负荷为 0.1 m³/（m²·d）。水力停留时间一般为 4～8 d，该工程为 5 d。

③ 平面形状与尺寸。人工湿地依河而建，分两处各自分布在柴河两岸，总面积约为0.4 km²。

④ 竖向布置。人工湿地平均水深约 0.5 m，底层铺设卵石，卵石层以上种植吸收氮、磷及降解 COD 的挺水植物。

⑤ 集、配水及出水。分水坝位于人工湿地进水口，长 20 m，断面为 1 m×0.9 m，浆砌石结构，直线布置。柴河来水经过生态河道预处理后经布水渠进入人工湿地，人工湿地内均布置有两条布水渠，向湿地区内布水。经湿地处理后的出水由湿地末端的出水堰溢流进入辽河干流。

⑥ 清淤。人工湿地系统计划每年清淤一次。

⑦ 植物选择与种植。选择芦苇、香蒲、荷花、睡莲等挺水、浮水植物。

6.6.5.4 配套基础设施建设方案

在湿地轮廓周边建设防洪导流渠，防洪渠宽 3 m，深 2 m，由浆石砌成。

6.6.5.5 工程量

（1）河底生态清淤。柴河生态河道段河床平均宽度 180 m，清淤厚度为 0.5 m，清淤总长 1 km，清淤土方量为：1 000 m×0.5 m×180 m=9 万 m³。

（2）卵砾石生态河床。卵砾石厚度为 0.5 m 左右，生态河道段河床平均宽度 180 m，总长 1 km，河床碎石量为：1 000 m×0.5 m×180 m=9 万 m³。

（3）滨水带生态砼净化槽护岸。构建 1 km 生态砼净化槽。

（4）防洪导流渠。防洪导流渠沿河流与湿地区交界边缘修建，宽 3 m，深 2 m，长度共计 400 m。开挖土方量为：3 m×2 m×400 m=2 400 m³。

（5）湿地主体工程。柴河支流汇入口人工湿地总面积为 0.4 km²，湿地区开完深度为 0.5 m，开挖土方量为 400 000 m²×0.5 m=20 万 m³。

（6）植物种植量。

沉水植物面积：0.2 km²；

挺水植物面积：0.4 km²；

草坪植被面积：生态河道草坪斜坡长度为 3 m，面积=3 m×1000 m×2=6 000 m²；

岸边防护林面积：5 m×1 000 m×2=1 万 m²。

6.6.6　王河汇入口人工湿地

6.6.6.1　场址与建设内容

场址选择：位于铁岭市铁岭县镇西乡泉眼沟村，河口上溯 1.5 km，常年有水，枯水期流量为 0.5 m³/s，水深 0.5 m，丰水期流量为 2 m³/s，水深 2 m，入河口宽 100 m，河滩面积 0.2 km²，有岸坎，地势平坦。

建设内容：沉砂塘、湿地主体工程（木本、草本、滩涂等）、配套基础设施、防洪导流工程。

6.6.6.2　设计进出水水质

根据王河汇入口夏堡断面水质情况，该汇入口人工湿地设计进、出水水质如表 6-10 所示。

表 6-10　王河汇入口人工湿地系统设计进出水水质　　　　　　单位：mg/L

项目	DO	pH	高锰酸盐指数	COD$_{Cr}$	BOD$_5$	氨氮	石油类
现状水质	11.1	7.76	10	30	10	0.75	0.05
设计进水水质	8	6～8	20.0	50	20	1.00	0.1
设计出水水质	10	6～8	10.0	20	5	0.50	0.05
设计去除率/%	—	—	40～70	50～70	60～80	50～70	20～50

6.6.6.3　工程建设方案

（1）总平面布置。本工程位于王河河口（上溯 2.1 km），面积 1.0 km²。在王河两侧各建设 1 块人工湿地，每块湿地面积 0.5 km²。总平面布置如图 6-21 所示。

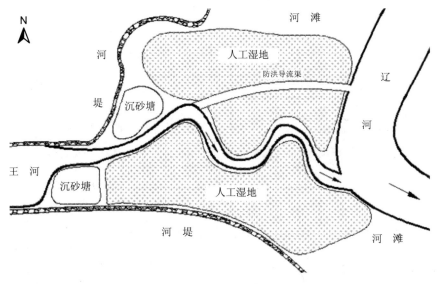

图 6-21　王河汇入口人工湿地平面布置

（2）工艺流程设计。王河支流汇入口湿地基本工艺流程选择如图 6-22 所示。

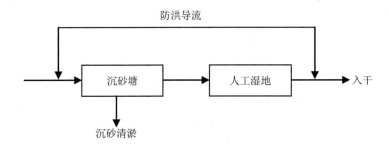

图 6-22　王河支流汇入口湿地工艺流程图

（3）工艺形式。

预处理　王河属于农业面源污染主导型支流，中度污染，河水中含有少量泥沙，为了减少水中杂质对湿地处理系统的影响以及调节水质水量，本设计拟在湿地处理系统前设置沉砂塘对进水进行初步的预处理。

湿地系统　人工湿地系统由两处湿地单元经过并联组合而成，湿地总面积为 1.0 km²，处理水量约 6 万 m³/d。两处湿地每块处理水量均为 3 万 m³/d。

（4）设计参数。

预处理

由于人工湿地被王河分成两块，故在河两侧各设置一个沉砂塘。沉砂塘预沉淀时间一般<2 d，王河水质为中度污染，含泥沙等杂质，本工艺拟采用预沉淀时间为 0.5 d，设

计沉砂塘近似圆形，每个沉砂塘直径均为 69 m，面积约为 3 750 m²，池深 4 m，有效容积约为 15 000 m³。

湿地系统

① 表面有机负荷。该工程设计表面有机负荷为 9 kgBOD/（hm²·d），处理水量约为 6 万 m³/d。

② 水力负荷和水力停留时间。人工湿地水力负荷一般＜0.1 m³/（m²·d），本设计水力负荷为 0.06 m³/（m²·d）。人工湿地设计水力停留时间为 8 d。

③ 平面形状与尺寸。人工湿地依河而建，分别在河两侧建设两块湿地，每块面积均约为 0.5 km²，总面积约为 1.0 km²。

④ 竖向布置。人工湿地平均水深约 0.5 m，底层铺设卵石，卵石层以上种植吸收氮、磷及降解 COD 的沉水、挺水植物。

⑤ 集、配水及出水。分水坝位于工程区最上端，长 20 m，断面为 1 m×0.9 m，浆砌石结构，直线布置。王河来水在重力作用下自流进入沉砂塘，经过沉砂预处理后经布水渠进入人工湿地，人工湿地内均布置有两条布水渠，向湿地区内布水。经湿地处理后的出水由湿地末端的出水堰溢流进入辽河干流。

⑥ 清淤。由于人工湿地系统前端设置了沉砂塘，进入湿地系统的泥砂含量大大降低，因此根据实际情况定期对沉砂塘进行清淤即可，而人工湿地系统计划每年清淤一次。

⑦ 植物选择与种植。为控制污染，降解氨氮、COD，可种植吸收氮、磷及降解 COD 的沉水、挺水植物，如芦苇、蒲草等，还可种植荷花、睡莲等用于景观建设。

6.6.6.4 配套基础设施建设方案

防洪导流渠穿过湿地与辽河干流相连，防洪渠宽 3 m，深 2 m，由浆石砌成。

6.6.6.5 工程量

（1）防洪导流渠：防洪导流渠沿河流与湿地区交界边缘修建，宽 3 m，深 2 m，长度共计 1 600 m。开挖土方量为：3 m×2 m×1 600 m=9 600 m³。

（2）沉砂塘：每个沉砂塘直径均为 69 m，面积约为 3 750 m²，池深 4 m，总开挖土方量为 2×3 750 m²×4 m=3 万 m³。

（3）湿地主体工程：王河支流汇入口人工湿地总面积为 1.0 km²，湿地区开挖深度为 0.5 m，开挖土方量为 1 000 000 m²×0.5 m=50 万 m³。

（4）植物种植量：

浮水植物面积：0.1 km²；

沉水植物面积：0.1 km²；

挺水植物面积：0.8 km²。

6.6.7 秀水河汇入口人工湿地

6.6.7.1 场址与建设内容

（1）场址选择：秀水河汇入口人工湿地位于新民市公主屯镇关家窝堡村秀水河与辽河交汇处，秀水河由北向南流入辽河干流。所选场址西北侧和东北侧均为防洪堤，南侧为辽河干流，防洪堤内的土地权属辽河保护区管理局，堤上道路便于机动车通行，交通比较便利。整个地块是沙土淤积而成，呈三角形布局，自然条件下有部分植被生长，该河口处规划湿地区面积约为 0.7 km²，其中湿地主体区面积约为 0.6 km²。此外，沿秀水河河道向上还有部分河道滩涂适于以后扩建，有一定的发展空间。由于该地块受洪水、潮水或内涝的威胁较小，不影响行洪安全。

（2）建设内容：沉砂塘、湿地主体工程（木本、草本、滩涂等）、配套基础设施（集水、配水设施等）、防洪导流工程、应急处理工程等。

6.6.7.2 设计进出水水质

秀水河属于农业面源污染主导型支流，中度污染，水质超标（全年＞75%），COD 40～80 mg/L，氨氮 2～8 mg/L，DO 3～5 mg/L，基本无臭味或很轻，河中可能有鱼。河水流量 0.2 m³/s（约为 17 280 m³/d）。

根据秀水河汇入口断面水质情况，该汇入口人工湿地设计进、出水水质如表 6-11 所示。

表 6-11　秀水河汇入口人工湿地系统设计进出水水质　　　　单位：mg/L

项目		DO	pH	高锰酸盐指数	COD_{Cr}	BOD_5	氨氮
现状水质	2011 年 4 月	3～4	7.2	8.4	60～80	9	4～8
	2011 年 7 月	3～5	7.8	3.6	40～60	2	2～6
	2011 年 10 月	3～4	7.7	6.6	60～80	3	5～8
设计进水水质		5	6～9	20	80	15	8
设计出水水质		6	6～9	10	＜50	＜6	＜4.0
设计去除率/%		—	—	40～70	40～70	40～70	20～50

6.6.7.3 工程建设方案

（1）总平面布置。根据秀水河支流汇入口的地形、地貌和水文地质条件，拟建设预处理沉砂塘、人工湿地和防洪导流渠等配套设施。场区的高程布置应充分利用原有地形，符合排水通畅、降低能耗、平衡土方的要求，各湿地处理单元设计充分利用原有地形坡度，采用重力流的形式，减少动力消耗。人工湿地的轮廓与河道和防洪堤走向一致，保持原有的地貌特征，降低了动土量。工程建设将实现污染物净化和生态修复的统一。秀水河支流汇入口人工湿地平面布置见图 6-23。

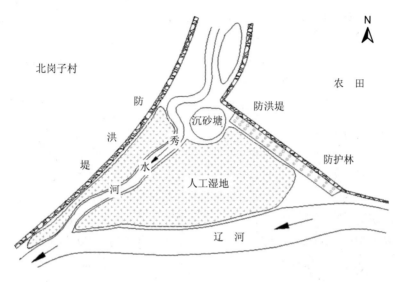

图 6-23　秀水河支流汇入口人工湿地平面布置

（2）工艺流程设计。工艺设计应综合考虑处理水量（通过表面有机负荷和占地面积反推）、原水水质、占地面积、建设投资、运行成本、稳定性，以及当地气候条件、植被类型和地理条件等因素，并通过技术经济比较确定适宜方案；辽河属于泥沙型河流，要考虑预处理单元对泥沙的去除；辽河属于北方典型的季节性河流，要考虑季节性水量、水位的变化范围和极端情况下的洪水因素的影响，设置防洪导流渠；人工湿地系统由多个同类型或不同类型的湿地单元构成时，可分为并联式、串联式、混合式等组合方式；以水质净化为主体功能的湿地，其植物类型较为单一，主要选择土著水质净化能力较强的 2～3 类植物；以生态恢复为主体功能的湿地则需要充分考虑景观生态和多样性保护效益，木本、草本等类型植物和滩涂要灵活地结合起来。

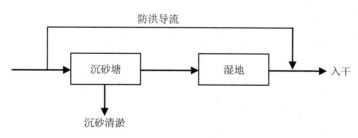

图 6-24　秀水河支流汇入口人工湿地工艺流程图

（3）工艺形式。

预处理 秀水河属于农业面源污染主导型支流，中度污染，河水中含有少量泥沙，为了减少水中杂质对湿地处理系统的影响以及调节水质水量，本设计拟在湿地处理系统前设置沉砂塘对进水进行初步的预处理。

湿地系统 整个工程区域自上而下依次设有分水坝、沉砂塘和人工湿地区，湿地区出水直接排入辽河干流。湿地系统由数处湿地单元经过串联、并联混合而成，人工湿地总面积为 0.6 km²，处理水量约为 1.6 万 m³/d。

分水坝位于工程区最上端，长 20 m，断面为 1 m×0.9 m，浆砌石结构，直线布置，人工湿地区内均布置有两条布水渠，通过分水坝和布水渠向湿地区内布水。

后处理 经湿地系统处理后的水直接进入辽河干流，所以该处不设置后处理系统。

（4）设计参数。

预处理

沉砂塘预沉淀时间一般小于 2 d，由于秀水河含沙量不是很高，水质为中度污染，本工艺拟采用预沉淀时间为 1 d。设计沉砂塘近似圆形，直径约为 80 m，面积约为 5 000 m²，池深 3.5 m，有效容积约为 16 000 m³。

湿地系统

① 表面有机负荷。表面有机负荷一般为 15～50 kgBOD/（hm²·d），为保证人工湿地系统处理的效果，本设计表面有机负荷采用 40 kgBOD/（hm²·d），处理水量约为 1.6 万 m³/d。

② 水力负荷。人工湿地水力负荷一般是小于 0.1 m³/（m²·d），本设计水力负荷为 0.1 m³/（m²·d）。

③ 平面形状与尺寸。沉砂塘近似圆形，直径约为 80 m，面积约为 5 000 m²；人工湿地依河而建，呈三角形，面积约为 0.7 km²。

④ 竖向布置。湿地基质竖向布置由下至上依次为大砾石、中砾石、小砾石，最上层为沙土，基质就地取材以降低成本（图 6-25）。

⑤ 集、配水及出水。分水坝位于工程区最上端，长 20 m，断面为 1 m×0.8 m，浆砌石结构，直线布置。秀水河来水在重力作用下自流进入沉砂塘，经过沉砂预处理后经布水渠进入人工湿地区，人工湿地区内均布置有两条布水渠，向湿地区内布水。人工湿地区处理出水由湿地区末端的溢流堰溢流进入排水沟，排入辽河干流。

⑥ 清淤。由于人工湿地系统前端设置了沉砂池，进入湿地系统的泥砂含量大大降低，因此根据实际情况定期对沉砂塘进行清淤即可，而人工湿地系统计划每年清淤一次。

⑦ 植物选择与种植。秀水河属于污染负荷较大的支流，因此选择芦苇、香蒲等控污型植物，这些经济植物秋后需要收割，可以用于造纸等，实现其资源化。

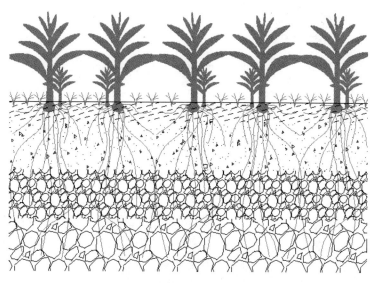

图 6-25　湿地竖向布置图

⑧ 运行。工程的运行应符合《城镇污水处理厂运行、维护及安全技术规程》(CJJ 60 — 2011）中的有关规定，同时还应符合国家相关标准的规定；根据暴雨、洪水、干旱、结冰等极端情况适时对水位进行调整，不得出现进水端壅水现象和出水端淹没现象；对运行人员、技术人员和管理人员进行相关法律法规、专业技术、安全防护和应急处理等理论知识和操作技能的培训；定期检测进水、出水水质，并定期对检测仪器、仪表进行校验；制定相应的事故应急预案，并报请环境行政管理部门批准备案。

6.6.7.4 配套基础设施建设方案

为防止洪水对湿地区的破坏，在湿地区轮廓周边建设防洪导流渠，防洪渠宽 3 m，深 2 m，由浆石砌成。当上游来水大于设计处理流量时，超出设计流量的部分直接经导流渠进入辽河干流。

6.6.7.5 工程量估算

（1）防洪导流渠：防洪导流渠沿河流与湿地区交界边缘修建，宽 3 m，深 2 m，长度共计 3 000 m。开挖土方量为：3 m×2 m×3 000 m=1.8 万 m³。

（2）沉砂塘：沉砂塘直径为 80 m，面积约为 5 000 m²，池深 3.5 m，开挖土方量为：3.14×(40 m)²×3.5 m=1.6 万 m³。

（3）湿地主体工程：秀水河支流汇入口人工湿地总面积为 0.7 km²，湿地区开挖深度为 0.5 m，开挖土方量为 700 000 m²×0.5 m=35 万 m³。

（4）植物种植量：

沉水植物面积：0.3 km^2；

挺水植物面积：0.3 km^2。

6.6.8 养息牧河汇入口人工湿地

6.6.8.1 场址与建设内容

（1）场址选择：养息牧河汇入口人工湿地位于沈阳市新民市北三村吉祥堡养息牧河与辽河交汇处，养息牧河由西北向东南流入辽河干流。所选场址西南侧和北侧均为防洪堤，东侧为辽河干流，防洪堤内的土地权属辽河保护区管理局，堤上道路便于机动车通行，交通比较便利。该河口处河水宽约 150 m，河口北侧为大片滩涂，自然条件下有部分植被生长，适宜建设人工湿地，规划湿地区面积约为 1.8 km^2，其中湿地主体区面积约为 1.6 km^2。此外，沿养息牧河河道向上还有部分河道滩涂适于以后扩建，有一定的发展空间。由于该地块受洪水、潮水或内涝的威胁较小，不影响行洪安全。

（2）建设内容：湿地主体工程（木本、草本、滩涂等）、配套基础设施、防洪导流工程、应急处理工程。

6.6.8.2 设计进出水水质

养息牧河属于农业面源污染主导型支流，中度污染，水质超标（全年＞75%），COD 30～50 mg/L，氨氮 2～5 mg/L，DO 3～6 mg/L，基本无臭味或很轻，河中可能有鱼。

根据养息牧河汇入口断面水质情况，该汇入口人工湿地设计进、出水水质如表 6-12 所示。

表 6-12　养息牧河汇入口人工湿地系统设计进出水水质　　　　单位：mg/L

项目		DO	pH	高锰酸盐指数	COD$_{Cr}$	BOD$_5$	氨氮
现状水质	2011 年 4 月	3～5	7.2	8.4	40～50	20～30	3～5
	2011 年 7 月	4～6	7.8	3.6	30～40	30～40	2～4
	2011 年 10 月	3～5	7.7	6.6	40～50	20～30	3～5
设计进水水质		3	6～9	20	50	40	5
设计出水水质		6	6～9	10	＜30	＜10	＜3
设计去除率/%		—	—	40～70	25～60	40～70	20～50

6.6.8.3 工程建设方案

（1）总平面布置。根据养息牧河支流汇入口的地形、地貌和水文地质条件，拟建设人工湿地和防洪导流渠及其他配套设施。场区的高程布置应充分利用原有地形，符合排水通畅、降低能耗、平衡土方的要求，各湿地处理单元设计充分利用原有地形坡度，采用重力流的形式，减少动力消耗。人工湿地的轮廓与河道和防洪堤走向一致，保持原有的地貌特征，降低了动土量。工程建设将实现污染物净化和生态修复的统一。养息牧河支流汇入口人工湿地平面布置见图6-26。

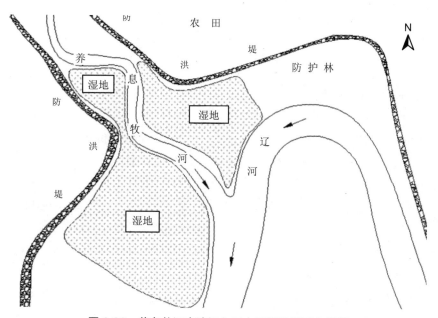

图 6-26　养息牧河支流汇入口人工湿地平面布置图

（2）工艺流程设计。养息牧河水质相对较好，所以本处湿地设计拟采用直接进水的方式（图6-27）。考虑到季节性水量、水位的变化范围和极端情况下的洪水因素的影响，设置防洪导流渠；养息牧河支流汇入口人工湿地由一大两小共 3 块湿地并联组成。在实现水质净化的同时也考虑了河口生态修复和景观建设。

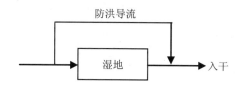

图 6-27　养息牧河支流汇入口人工湿地工艺流程图

（3）工艺形式。

预处理　养息牧河属于农业面源污染主导型支流，中度污染，河水中含沙量不是很高，不需要进行预处理。

湿地系统　整个工程区域自上而下依次设有三块人工湿地区，每块湿地分别设有独立的集水、配水、出水设施，湿地区出水直接排入辽河干流。人工湿地主体区总面积为 1.60 km²，处理水量约 2.00 万 m³/d。

每块湿地的配水均采用分水坝配水，分水坝位于每块湿地区的最上端，长度根据湿地面积而定，浆砌石结构，直线布置，人工湿地区内均布置有两条布水渠，通过分水坝和布水渠向湿地区内布水。

后处理 经湿地系统处理后的水直接进入辽河干流，所以该处不设置后处理系统。

（4）设计参数。

预处理

养息牧河水质属于轻度污染，无需经过预处理，可以直接进入人工湿地区。

湿地系统

①表面有机负荷。表面有机负荷一般为 15～50 kgBOD/（hm²·d），为保证人工湿地系统处理的效果，本设计表面有机负荷采用 30 kgBOD/（hm²·d），处理水量约为 20 000 m³/d。

②水力负荷。人工湿地水力负荷一般是 <0.1 m³/（m²·d），本设计水力负荷为 0.01 m³/（m²·d）。

③平面形状与尺寸。两块人工湿地区分别位于养息牧河汇入口两侧，面积分别约为 0.60 km² 和 1.0 km²。

④竖向布置。湿地基质竖向布置由下至上依次为大砾石、中砾石、小砾石，最上层为沙土，基质就地取材以降低成本。

⑤集、配水及出水。分水坝位于工程区最上端，长宽根据湿地地形确定，浆砌石结构，直线布置。养息牧河来水在重力作用下自流进入人工湿地区，人工湿地区内均布置有布水渠，向湿地区内布水。经湿地处理后的出水由湿地末端的出水堰溢流进入养息牧河，再流入辽河干流。

⑥清淤。该处人工湿地系统计划每年清淤一次。

⑦植物选择与种植。养息牧河属于污染负荷较小的支流，因此，在能够实现有效控污的同时，还强调河口景观的建设。鉴于此，该处湿地既要种植芦苇、香蒲等控污型植物，也要搭配菖蒲、灯芯草等挺水植物和浮萍、睡莲等浮水植物，不但可实现控污，还可以美化河口景观，一举两得。

⑧运行。工程的运行应符合 CJJ 60—2011 中的有关规定，同时还应符合国家相关标准的规定；根据暴雨、洪水、干旱、结冰等极端情况适时对水位进行调整，不得出现进水端壅水现象和出水端淹没现象；对运行人员、技术人员和管理人员进行相关法律法规、专业技术、安全防护和应急处理等理论知识和操作技能的培训；定期检测进水、出水水质，并定期对检测仪器、仪表进行校验；制定相应的事故应急预案，并报请环境行政管理部门批准备案。

后处理

经过人工湿地处理后的出水直接排入辽河，不需后处理。

6.6.8.4　配套基础设施建设方案

为防止洪水对湿地区的破坏，在湿地区轮廓周边建设防洪导流渠，将 3 块湿地区串联起来，防洪渠宽 3 m，深 2 m，由浆石砌成。当上游来水大于设计处理流量时，超出设计流量的部分直接经导流渠进入辽河干流。

6.6.8.5　工程量估算

（1）防洪导流渠：防洪导流渠沿河流与湿地区交界边缘修建，宽 3 m，深 2 m，长度共计 3 200 m。开挖土方量为：3 m×2 m×3 200 m=1.92 万 m³。

（2）湿地主体工程：秀水河支流汇入口人工湿地总面积为 1.6 km²，湿地区开挖深度为 0.5 m，开挖土方量为 1 600 000 m²×0.5 m=80 万 m³。

（3）植物种植量：

沉水植物面积：0.8 km²；

挺水植物面积：0.8 km²。

6.6.9　一统河汇入口人工湿地

6.6.9.1　场址与建设内容

（1）场址选择：一统河汇入口人工湿地位于盘锦市区双台子区一统河与辽河交汇处，一统河由北向南流入辽河干流。所选场址西侧和北侧均为防洪堤，南侧为辽河干流，防洪堤内的土地权属辽河保护区管理局，堤上道路便于机动车通行，交通比较便利。该河口东侧为大片滩涂，自然条件下有部分植被生长，适宜建设人工湿地湿地，可利用土地面积约为 0.60 km²。此外，一统河汇入口东侧有部分河道滩涂适于以后扩建，有一定的发展空间。由于该地块受洪水、潮水或内涝的威胁较小，不影响行洪安全。

（2）建设内容：湿地主体工程（木本、草本、滩涂等）、配套基础设施、防洪导流工程、应急处理工程。

6.6.9.2　设计进出水水质

一统河属于工业污染与城市生活污染混合主导型支流，水质超标严重（全年），流量大，COD 60～80 mg/L，氨氮 10～30 mg/L，DO<1 mg/L，黑臭有味，基本无鱼。

根据一统河汇入口断面水质情况，该汇入口人工湿地设计进、出水水质如表 6-13 所示。

表 6-13　一统河汇入口人工湿地系统设计进出水水质　　　　单位：mg/L

项目		DO	pH	高锰酸盐指数	COD$_{Cr}$	BOD$_5$	氨氮
现状水质	2011 年 4 月	<1	7.2	8.4	70～90	40	20～30
	2011 年 7 月	<2	7.8	3.6	50～70	30	10～20
	2011 年 10 月	<1	7.7	6.6	60～80	38	20～30
设计进水水质		<1	6～9	20	90	40	30
设计出水水质		4	6～9	10	<50	<20	<10
设计去除率/%		—	—	40～70	40～70	40～70	20～50

6.6.9.3　工程建设方案

（1）总平面布置。根据一统河支流汇入口的地形、地貌和水文地质条件，拟建设曝气稳定塘、人工湿地区和防洪导流渠及其他配套设施。场区的高程布置应充分利用原有地形，符合排水通畅、降低能耗、平衡土方的要求，各湿地处理单元设计充分利用原有地形坡度，采用重力流的形式，以减少动力消耗。人工湿地的轮廓与河道和防洪堤走向一致，保持原有的地貌特征，降低了动土量。工程建设将实现污染物净化和生态修复的统一。一统河支流汇入口人工湿地平面布置见图 6-28。

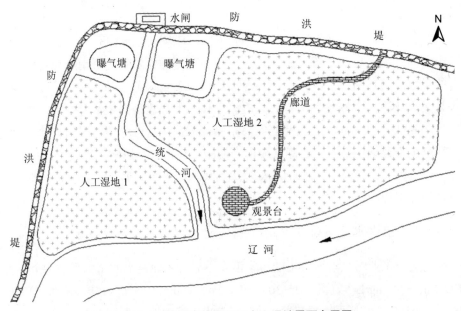

图 6-28　一统河支流汇入口人工湿地平面布置图

（2）工艺流程设计。一统河属于工业污染与城市生活污染混合主导型支流，河水污染严重，水流量大，直接进入人工湿地区则导致湿地系统负荷较重，因此在人工湿地区的前端设置曝气稳定塘，对进入湿地系统的污水进行曝气预处理，通过对污水进行曝气，提高人工湿地基质中的溶解氧，发挥微生物的分解作用，防止土壤中胞外聚合物的蓄积。经曝气塘稳定后的污水靠重力自流进入人工湿地区。考虑到季节性水量、水位的变化范围和极端情况下的洪水因素的影响，沿河流两侧设置防洪导流渠。由于一统河河口离市区距离较近，是附近市民游玩和锻炼的理想场所，所以计划在该人工湿地区建设部分观景台和廊道，同时对湿地区进行景观美化建设，争取把一统河汇入口人工湿地建设成当地的一座公园式的休闲游玩场所。工艺流程图如图 6-29 所示。

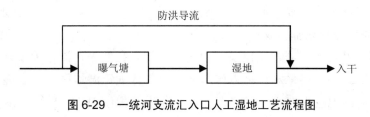

图 6-29　一统河支流汇入口人工湿地工艺流程图

（3）工艺形式。

预处理　一统河属于工业污染与城市生活污染混合主导型支流，污染严重，为改善湿地处理系统对污水的处理效果，拟在湿地区的上游建一座曝气稳定塘，对进入湿地系统的污水进行曝气预处理，由此提高人工湿地基质中的溶解氧，发挥微生物的分解作用，防止土壤中胞外聚合物的蓄积。

湿地系统　整个工程区域分为东西两块人工湿地区，每块湿地分别设有独立的集水、配水、出水设施，湿地区出水直接排入辽河干流。人工湿地总面积为 $0.6 km^2$，处理水量约 1.50 万 m^3/d。

每块湿地的配水均采用分水坝配水，分水坝位于每块湿地区的区最上端，长度根据湿地面积而定，浆砌石结构，直线布置，人工湿地区内均布置有两条布水渠，通过分水坝和布水渠向湿地区内布水。

后处理　经湿地系统处理后的水直接进入辽河干流，所以该处不设置后处理系统。

（4）设计参数。

预处理

一统河支流汇入口人工湿地进水采用曝气稳定塘，支流汇入口两侧湿地分别建设两座曝气塘，稳定塘的面积分别为 $2 000 m^2$ 和 $3 000 m^2$，有效深度为 2 m。曝气后的出水经配水渠进入两块人工湿地区。

湿地系统

① 表面有机负荷。表面有机负荷一般为 15～50 kgBOD/（hm²·d），为保证人工湿地系统处理的效果，本设计表面有机负荷采用 40 kgBOD/（hm²·d），处理水量约为 15 000 m³/d。

② 水力负荷。一般情况下，人工湿地水力负荷小于 0.1 m³/（m²·d），本设计水力负荷为 0.025 m³/（m²·d）。

③ 平面形状与尺寸。一统河支流汇入口两侧分别规划建设两个曝气塘和两块人工湿地，曝气塘面积分别为 2 000 m² 和 3 000 m²，人工湿地主题区面积分别为 0.20 km² 和 0.40 km²。

④ 竖向布置。湿地基质竖向布置由下至上依次为大砾石、中砾石、小砾石，最上层为沙土，基质就地取材以降低成本。

⑤ 集、配水及出水。分水坝位于工程区最上端，长宽根据湿地地形确定，浆砌石结构，直线布置。一统河来水在重力作用下自流进入人工湿地区，人工湿地区内均布置有布水渠，向湿地区内布水。经湿地处理后的出水由湿地末端的出水堰溢流进入辽河干流。

⑥ 清淤。该处人工湿地系统计划每年清淤一次，清淤回流至预处理系统，避免直排进入辽河干流，以防止污染。

⑦ 植物选择与种植。一统河属于污染负荷较重的支流，并且其支流汇入口离市区较近，因此，在能够实现有效控污的同时，还要强调河口景观的建设。为此，该处湿地除种植芦苇、香蒲等控污型植物外，还应选择搭配菖蒲、灯芯草等挺水植物和浮萍、睡莲等浮水植物，不但可实现控污，还可以美化河口景观，一举两得（图 6-30）。

菖　蒲　　　　　　　　　　　　　　　　灯芯草

浮　萍　　　　　　　　　　　　　　　　睡　莲

图 6-30　湿地植物

⑧ 运行。工程的运行应符合 CJJ 60—2011 中的有关规定，同时还应符合国家相关标准的规定；根据暴雨、洪水、干旱、结冰等极端情况适时对水位进行调整，不得出现进水端壅水现象和出水端淹没现象；对运行人员、技术人员和管理人员进行相关法律法规、专业技术、安全防护和应急处理等理论知识和操作技能的培训；定期检测进水、出水水质，并定期对检测仪器、仪表进行校验；制定相应的事故应急预案，并报请环境行政管理部门批准备案。

后处理

经过人工湿地处理后的出水直接排入辽河干流，无需后处理。

6.6.9.4　配套基础设施建设方案

为防止洪水对湿地区的破坏，在湿地区轮廓周边建设防洪导流渠，防洪渠宽 3 m，深 2 m，由浆石砌成。当上游来水大于设计处理流量时，超出设计流量的部分直接经导流渠进入辽河干流。

6.6.9.5　工程量估算

（1）防洪导流渠：防洪导流渠沿河流与湿地区交界边缘修建，宽 3 m，深 2 m，长度共计 1 000 m。开挖土方量为：$3 \text{ m} \times 2 \text{ m} \times 1 000 \text{ m} = 6 000 \text{ m}^3$。

（2）湿地主体工程：一统河支流汇入口人工湿地总面积为 0.6 km²，湿地区开挖深度为 0.5 m，开挖土方量为 $600 000 \text{ m}^2 \times 0.5 \text{ m} = 30 \text{ 万 m}^3$。

（3）植物种植量：

沉水植物面积：0.3 km²；

挺水植物面积：0.3 km²。

6.7 主要技术经济指标

本项目主要技术经济指标如表 6-14 所示。

表 6-14　项目主要技术经济指标表

湿地名称	处理水量/ （m³/d）	水力负荷/ [m³/（m²·d）]	表面有机负荷/ [kgBOD/（hm²·d）]	COD 削减量/ （kg/d）	BOD 削减量/ （kg/d）	氨氮 削减量/ （kg/d）
长河河口湿地	258 500	0.055	5	5 170	2 326.5	517
招苏台河河口湿地	100 000	0.05	1	1 000	200	110
亮子河河口湿地	90 000	0.09	2.7	690.3	270	66.6
柴河河口湿地	40 000	0.1	4	400	160	24
王河河口湿地	60 000	0.06	9	1 800	900	30
左小河河口湿地	40 000	0.1	20	1 200	800	400
秀水河河口湿地	16 000	0.1	40	480	144	24
养息牧河河口湿地	20 000	0.01	30	400	600	40
一统河河口湿地	15000	0.025	40	600	300	300

第7章 辽河保护区湿地网建设工程

7.1 工程规模与目标要求

7.1.1 工程简介

通过建设支流汇入口湿地、河道湿地、坑塘湿地及河口滩涂湿地，实施河岸带生态修复工程，将形成由不同规模、错落有致的湿地构成的具有自我修复功能的河流湿地生态系统，削减入河污染负荷，增强水体自净能力，改善河流水质，同时发挥其涵养水源、调洪蓄洪、调节气候、维持生物多样性和景观多样性等多重作用，成为野生动植物，尤其是鱼类和鸟类的栖息地。

保护区湿地的主要类型为支流汇入口湿地、河道湿地（牛轭湖湿地、河心岛湿地）、坑塘湿地及河口滩涂湿地。另外，将盘山闸、石佛寺建成集生态、防洪、旅游、科教为一体的综合生态区。

利用河道内牛轭湖区域、弯道河段、河漫滩宽广区域、低洼地及较大型河心岛，建设湿地；根据河道自然态势，利用已建成的河道蓄水工程并辅以适当措施维系、恢复、再造河道湿地，从而提高河道整体的污染物降解和水质净化能力，构建以浅滩沼泽湿地为主的生境类型，增加区域生物及景观多样性。

7.1.2 工程总体思路

项目治理的总体目的是实现辽河干流蜿蜒曲折、自然生机。设计思路是依托辽河干流自然形态，构建贯穿辽河的湿地水网，形成湖泊湿地、坑塘湿地、牛轭湖湿地、闸坝回水湿地相交错分布的湿地群，形成辽河干流绿色走廊，提升辽河干流污染的持续削减能力，提高河流水量调控能力，加快辽河干流自净能力的恢复（图7-1）。

7.1.3 工程内容

通过建设辽河保护区湿地网，实现 COD 年减排 27 790 t，氨氮年减排 5 265 t，总氮年减排 2 621 t，总磷年减排 397 t。

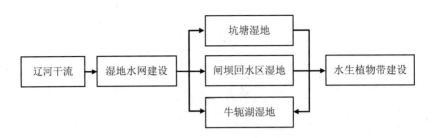

图7-1 辽河保护区湿地网建设工程总体思路

（1）坑塘湿地群建设与恢复。辽河干流上段长期以来一直有采沙活动。由于长期挖沙，留有大量面积不等的沙坑。辽河沙坑主要分布在清河口至马虎山段，沿途100 km左右河道上沙坑数量众多，很多已形成水面。建设坑塘湿地主要以现有沙坑为基础，整体布局，结合辽河水系流向，通过坑—坑、坑—河水系连通技术，形成辽河干流连水面。构建的坑塘湿地群，可起到涵养水分和调节水量的作用，使辽河成为多样化景观河道。辽河坑塘湿地建设治理工程对辽河干流重点区域进行综合整治，以达到辽河干流下游COD削减到18 mg/L、氨氮削减到1.5 mg/L以下的目的。

（2）牛轭湖自然湿地建设。牛轭湖泥沙淤积形成坡度较缓的滩面，有成为湿地的先天条件。牛轭湖自然湿地恢复规划构建湿地中心区面积87.23 km²。在根据牛轭湖原来河道自然态势，利用已建成的河道蓄水工程并辅以下界面修整等措施构建以湖泊湿地为主的生境类型，形成水生、沼生、湿生、中生等动植物多重生存空间。通过水利保障和水生植物恢复引导牛轭湖重新形成生物链完整、系统稳定和自我恢复的牛轭湖自然湿地。牛轭湖自然湿地系统与辽河干流的河口人工湿地、坑塘湿地、库塘湿地通过水系连通形成错落有致、结构功能多样的湿地网络，增强辽河水体自净能力，改善河流水质，同时还发挥其涵养水源、调洪蓄洪、调节气候等多重作用。

（3）闸坝回水段自然湿地建设。辽河属平原河流，河道宽阔，高程相差不大，流速慢，平均水位低。水库建设和形成需要较大空间和时间。河流本身水位低，含沙量巨大，水库蓄水后形成大量沙洲，难以形成比较大型库容量。为进一步进行水利调控，恢复辽河河流型湿地状态，保护大型湿地，在充分利用目前干流上的石佛寺水库和11座橡胶坝的基础上，应新建3座橡胶坝。橡胶坝调控水位主要在2～5 m，可以改变河流地貌，减缓流速，在回水段湿地中形成沙心洲，为动植物提供良好生境，对于恢复生物多样性和保护河流湿地有重要意义。闸坝回水段自然湿地恢复方法主要以自然恢复为主，辅以必要的工程措施。采用水利连通的方法，新建和贯通坑塘，保持河流连续性，控制湿地水位，退耕还林、还草，对于部分容易塌方地区进行河道整治，建设生态型护岸。

7.1.4 工程规模

7.1.4.1 辽河坑塘湿地建设治理工程

本项目对辽河干流重点区域进行综合整治，以辽河干流下游 COD 削减到 18 mg/L、氨氮削减到 1.5 mg/L 以下为目的。主要建设工程有：① 辽河干流河道的综合整治，包括 9 个面积共计 26 km² 的坑塘湿地群建设，水面扩增 8.9 km²；② 1 100 000 m² 河道湿地水生植物群落带的构建；③ 100 000 m² 堤岛的面源污染阻控工程。

7.1.4.2 牛轭湖湿地建设治理工程

本项目对辽河保护区内巨流河牛轭湖湿地、兰旗险工段牛轭湖湿地、后歪脖树牛轭湖湿地区域进行湿地网建设工程，以达到牛轭湖湿地的水生态恢复和辽河干流的水质净化。主要建设工程有：① 引洪封育工程，封育面积 87.23 m²；② 牛轭湖湿地面源阻控；③ 强化净化水质与生境恢复；④ 生态补水和疏通河道。

7.1.4.3 闸坝回水段湿地建设治理工程

本项目对辽河干流上铁岭段的哈大高铁公路桥橡胶坝回水区、沈阳新民段的马虎山公路桥橡胶坝回水区、沈阳辽中段的满都户橡胶坝回水区和沈阳辽中段的红庙子橡胶坝回水区进行湿地建设治理工程，以达到橡胶坝回水区的水质净化和水生态的恢复。主要建设工程有：① 对 35.71 km 河道底泥进行清淤，对河道垃圾进行清理；② 对 18.7 km 河滩地进行平整；③ 水生植物群落重建；④ 堤岸绿化。

7.1.5 水质目标要求

7.1.5.1 坑塘湿地建设治理工程

本工程主要侧重于河道湿地恢复及自净能力提升，降低辽河干流污染负荷，减少每年的河道泥沙淤积。本工程实施后城区段河水达到地表水 Ⅳ 类水质要求（GB 3838—2002）。其中 COD≤30 mg/L，氨氮≤1.5 mg/L。

7.1.5.2 牛轭湖湿地建设治理工程

本工程主要侧重于牛轭湖湿地网建设，以阻断上游污染负荷，增加水容量，恢复水生态系统。通过本工程的实施，辽河干流河水水质达到地表水 Ⅳ 类水质要求（GB 3838—2002），其中 COD≤30 mg/L，氨氮≤1.5 mg/L。

7.1.5.3 闸坝回水段湿地建设治理工程

本工程主要侧重于闸坝回水段湿地建设，以减少每年的河道泥沙淤积，减少水体中的污染负荷，恢复水生态系统。通过本工程的实施，将使坝下水体水质达到地表水IV类水质要求（GB 3838—2002），其中COD≤30 mg/L，氨氮≤1.5 mg/L。

7.2 坑塘湿地建设治理工程设计

7.2.1 工程原理

针对保护区内自然以及人工形成的各类坑塘，利用引水沟渠将其与河流连通形成相对开放的水体，在保证河流畅通的基础上建设湿地，用以增加区域生物多样性和景观多样性，净化河流水质。

河滩湿地是水陆之间至少定期受到洪水泛滥的区域。E. P. Odum[62]把河滩描述为"人类最重要的资源"、水和人类生长的地方、"陆地之间的交互界面"。作为生态交互区，河流湿地具有梯度变化的环境因子、生态过程和植物群落，是地形、生物群落和环境因子的镶嵌体。一般来说，河滩湿地系统都分布在至少偶尔泛滥的溪流或江河旁边，或者河道改道形成的有利于植物生长的地区。在干旱地区，河滩植物生长在短暂的或永久的河流旁边，在大多数非干旱地区，泛滥平原及河滩区域最有可能位于由于地表水汇入在非汛期都不断流的河流旁边。

河流通常是湖泊的重要水源，与湖泊不同的是，河流是流水型水体，并且不同流速带来不同的生物群落结构[63]。河流通常分为急流带和滞水带，前者通常在浅水区，流速很大，底质坚硬，后者在深水区，水流缓慢，底质松软。河流湿地多见于河流与陆地交接的地方，水深不超过2 m的河段及河流弯曲处。

河流湿地不仅具有丰富的生态价值，同时，河流还是人类文明诞生的地方[64-65]。几乎现在已知的所有文明都发源于河流流域。可以说，人类文明的起源是仰赖河流的恩赐，河水的定期泛滥，带给河流两岸富饶的土地，人们在这里形成了早期的聚落，并逐渐发展成为成熟的社会形态。保护和恢复河流湿地，不仅是对生态和环境的正面作用，同时也是对于人类起源的生态家园的保护和重建。

河流湿地在我国沼泽湿地中面积较小，并且极容易受到人为干扰而中断。正因为如此，河流湿地的保护和恢复成为了河流管理中的重要内容。

7.2.2 工程设计

本项目河道湿地网构建工程的目的是采用"近自然型"的设计理念，通过河道坑塘湿地、牛轭湖湿地和闸坝回水区湿地的工程建设，形成辽河干流湿地水网，改变现有河道自净能力弱、水量调控能力低的现状，最大限度地削减河流内污染物浓度，提升河流自净能力及水生态功能。

7.2.2.1　坑塘湿地水网建设工程

根据河道滩地的原始断面形态及河床、河岸的相对高差，并密切联系河道沿岸的土地利用情况，选择辽河干流典型河滩区域开挖坑塘及湖泊，并采用沟渠连通，最终形成河道坑塘湿地群，如图 7-2 所示。

图 7-2　坑塘湿地群

坑塘湿地群总体工程包括河流湿地水网建设工程、水生植物群落重建工程和堤岛面源阻控工程。其中湿地水网建设工程主要由坑塘开挖、沟渠水系构建以及边坡整治组成。坑塘开挖工程通过在辽河干流河滩形成坑塘及湖泊水面，并在大水面处构建岛屿，为鸟类提供栖息环境；水生植物群落重建工程通过在湿地内及水面交错种植芦苇、蒲草等水生植物，形成水生植物带，实现对干流悬浮物、COD 和氨氮的有效去除；堤岸绿化工程通过在岸坡种植枫杨、灌木柳、杞柳等水生植物，实现岸坡带保护以及面源的有效削减。

坑塘湿地工程主要侧重于水质净化与增加生态水量。本工程实施后每年能够削减COD 5 558 t，削减氨氮 1 053 t，可降低辽河干流 COD 浓度 1.76 mg/L，降低氨氮浓度0.33 mg/L。以 2009—2010 年辽河干流马虎山断面为例，年均 COD 为 19.67 mg/L，氨氮为 1.61 mg/L，本项目的实施将能够实现马虎山干流 COD 削减到 18 mg/L、氨氮削减到1.5 mg/L 以下，直接实现辽河干流"十二五"水质改善目标。此外，相关措施建设还能够增加 909 万 m³ 蓄水量，改善辽河流域生态环境。

（1）项目 1：铁岭兴隆台坑塘湿地群。

① 项目所在地。兴隆台坑塘湿地网位于辽河沈阳开原市境内，紧邻兴隆台村，地理位置为：东经 123°45′41″～123°47′26″，北纬 42°28′37″～42°30′29″。该区域包括辽河干流1050 线范围内的防护林带、滩涂地、水体，面积约 1.7 km²（图 7-3）。

图 7-3　兴隆台坑塘湿地网

② 工程内容。建设内容包括 1.8 km² 坑塘湿地群的建设，以及坑塘湿地之间连接渠的建设。为保障水体在湿地内的水力停留时间，规划湿地水面面积 0.5 km²，以及长 800 m、宽 10 m 的连通渠。湿地群内根据现有坑塘分布情况，共建设 5 个小型的坑塘湿地，达到增加水面、净化水质的目的。

③ 工程实施预期效果。本工程实施后每年能够削减 COD 390 t，削减氨氮 72 t，可有效降低辽河污染负荷。

（2）项目 2：铁岭前下塔子河滩坑塘湿地群。

① 项目所在地条件。前下塔子河滩坑塘湿地群位于辽河沈阳铁岭市境内，紧邻下塔子村，地理位置为：东经 123°52′47″～123°54′10″，北纬 42°22′01″～42°22′19″。该区域包括辽河干流 1050 线范围内的防护林带、滩涂地、水体，面积约 1.5 km²（图 7-4）。

图 7-4　前下塔子河滩坑塘湿地群

②项目工程内容。建设内容包括坑塘湿地的建设、坑塘湿地之间连接渠的建设，规划修建 0.4 km² 水面，以及长 600 m，宽 10 m 的连通渠。共建设 3 个大型的坑塘湿地、5 个小型的坑塘湿地。

③工程实施预期效果。本工程实施后每年能够削减 COD 325 t，削减氨氮 60 t，可有效降低辽河污染负荷。

（3）项目 3：铁岭胜台子下游坑塘湿地群。

①项目所在地条件。胜台子下游坑塘湿地群位于辽河沈阳铁岭市境内，紧邻胜台子村，地理位置为：东经 123°43′25″～123°49′10″，北纬 42°17′52″～42°19′03″。该区域包括辽河干流 1050 线范围内的防护林带、滩涂地、水体，面积约 8.7 km²（图 7-5）。

图 7-5　胜台子下游坑塘湿地群

②项目工程内容。建设内容包括坑塘湿地的建设、坑塘湿地之间连接渠的建设，规划修建 1.0 km² 水面，以及长 1 800 m，宽 10 m 的连通渠。共建设 6 个大中型的坑塘湿地、4 个小型坑塘湿地，形成规模较大的坑塘湿地网。

③工程实施预期效果。本工程实施后每年能够削减 COD 910 t，削减氨氮 168 t，可有效降低辽河污染负荷。

（4）项目 4：新民朱尔山河滩坑塘湿地群。

①项目所在地条件。朱尔山河滩坑塘湿地群位于辽河沈阳新民市境内，紧邻朱尔山村，地理位置为：东经 123°31′21″～123°35′44″，北纬 42°11′02″～42°15′31″。该区域包括辽河干流 1050 线范围内的防护林带、滩涂地、水体，面积约 3.2 km²（图 7-6）。

图 7-6　朱尔山河滩坑塘湿地群

② 项目工程内容。建设内容包括湿地岛屿之间的湖泊水面，规划修建 0.8 km² 的湖泊，建设 7 个小型岛屿，岛屿与岛屿之间由水面连接，以增加湿地蓄水量；此外，在辽河沿岸修建 5 个中小型坑塘湿地（图 7-7）。

图 7-7　朱尔山河滩坑塘湿地群效果图

③ 工程实施预期效果。本工程实施后每年能够削减 COD 715 t，削减氨氮 132 t，可有效降低辽河污染负荷。

（5）项目 5：新民县达连岗子湿地群。

① 项目所在地条件。达连岗子湿地群位于辽河新民县境内，紧邻达连岗子村，地理位置为：东经 122°43′28″～122°50′55″，北纬 41°46′01″～41°50′26″。该区域包括辽河干流

1050 线范围内的防护林带、滩涂地、水体，面积约 8 km²（图 7-8）。

图 7-8　达连岗子湿地群

②项目工程内容。建设内容包括湿地岛屿之间的湖泊水面、湖泊与湖泊之间的水系流动连通渠，规划建设 1.2 km² 的湿地水面。包括两个大型坑塘湿地，3 个中小型坑塘湿地，以及 3 个小型岛屿，岛屿之间为湖泊水面以增加蓄水量。

③工程实施预期效果。本工程实施后每年能够削减 COD 1 040 t，削减氨氮 192 t，可有效降低辽河污染负荷。

（6）项目 6：新民市杏树坨子大型湿地群。

①项目所在地条件。杏树坨子河流湿地群位于辽河沈阳新民市境内，地理位置为：东经 105°47′44″～105°59′19″，北纬 37°32′47″～37°53′5″。该区域北临新民市北岗子凸起、皂角树，南到辽中县与新民市交界处，包括辽河干流 1050 线范围内的防护林带、滩涂地、水体。该区域内存在 4 块大面积滩涂、8 km 长的牛轭湖，以及 4 个小的牛轭湖，面积约 6 km²（图 7-9）。

②项目工程内容。建设内容包括湿地岛屿之间的湖泊水面、湖泊与湖泊之间的水系流动，规划修建 0.9 km² 的水面，以及长 1 200 m、宽 10 m 的连通渠。共建设 5 个坑塘湖泊，11 个小型岛屿，形成湿地水网。

③工程实施预期效果。本工程实施后每年能够削减 COD 845 t，削减氨氮 156 t，可有效降低辽河污染负荷。

图 7-9　杏树坨子大型湿地群

（7）项目 7：辽中县下万子道路交错带湿地群。

① 项目所在地条件。下万子道路交错带湿地群位于辽河辽中县境内，紧邻下塔子村，地理位置为：东经 122°37′54″～122°38′28″，北纬 42°22′01″～42°32′38″。该区域包括辽河干流 1050 线范围内的防护林带、滩涂地、水体，面积约 2.0 km² （图 7-10）。

图 7-10　下万子道路交错带湿地群

② 项目工程内容。建设内容包括湿地岛屿之间的湖泊水面、湖泊与湖泊之间的水系流动，规划修建 0.5 km² 的水面，以及长 1 800 m、宽 10 m 的连通渠。共建设 5 个中型坑塘湖泊、10 个湖心岛屿，以及 8 个小型坑塘，以增加蓄水量和水质净化能力（图 7-11）。

图 7-11　下万子道路交错带湿地群效果图

③ 工程实施预期效果。本工程实施后每年能够削减 COD 390 t，削减氨氮 72 t，可有效降低辽河污染负荷。

（8）项目 8：辽中县红庙子桥下游湿地群。

① 项目所在地条件。红庙子桥下游湿地位于辽河辽中县境内，紧邻大营岗子村，地理位置为：东经 122°37′25″～122°38′20″，北纬 41°23′53″～41°27′30″。该区域包括辽河干流 1050 线范围内的防护林带、滩涂地、水体，面积约 6 km² （图 7-12）。

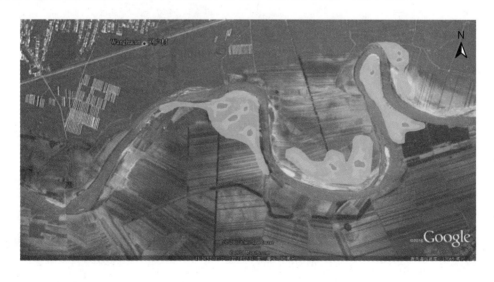

图 7-12　红庙子下游湿地群

②项目工程内容。建设内容包括湿地岛屿之间的湖泊水面、湖泊与湖泊之间的水系流动，规划修建 0.7 km² 的水面。共建设 4 个坑塘湖泊及 12 个小型岛屿，增加蓄水量；对已有的牛轭湖湿地进行扩建，形成湿地水网。

③工程实施预期效果。本工程实施后每年能够削减 COD 748 t，削减氨氮 165 t，可有效降低辽河污染负荷。

（9）项目 9：鞍山市圈河湿地群。

①项目所在地条件。圈河湿地群位于辽河鞍山市境内，紧邻烟李村，地理位置为：东经 122°15′07″～122°17′17″，北纬 41°10′51″～41°12′39″。该区域包括辽河干流 1050 线范围内的防护林带、滩涂地、水体，面积约 2.0 km²（图 7-13）。

图 7-13　圈河湿地群

②项目工程内容。建设内容包括湿地岛屿之间的湖泊水面、湖泊与湖泊之间的水系流动，规划修建 0.3 km² 的水面，共建设 3 个坑塘湖泊及 12 个小型岛屿，形成湿地水网，提升水体自净及水量调控能力。

③工程实施预期效果。本工程实施后每年能够削减 COD 195 t，削减氨氮 36 t，可有效降低辽河污染负荷。

7.2.2.2　水生植物群落重建工程

水生植物在湿地网中的应用主要分为水边的植物配置、驳岸的植物配置、水面的植物配置以及堤、岛的植物配置等。配置时要考虑到物种搭配和生态功能，做到水体处理功能和观赏功能统一协调。物种搭配应主次分明，高低错落，符合各水生植物对生态位的要求，同时能充分发挥各水生植物的生态功能。

根据对辽河水生植物群落的调查，选用土著物种进行河道水生植物群落的重建。选定的挺水植物为芦苇和菱草，沉水植物为菹草、金鱼藻和苦草，浮水植物主要为水龙和浮萍（图 7-14）。

图 7-14　水生植物群落

根据工程建设的不同，可以分为两类，一类是朱尔山以上以坑塘型湿地为主的湿地群，主要包括兴隆台湿地群、前下塔子湿地群以及胜台子湿地群；在朱尔山及以下以形成湖泊水面和岛屿为主的湿地群，包括朱尔山湿地群、达连岗子湿地群、杏树坨子湿地群、下万子湿地群、红庙子湿地群以及圈河湿地群。

坑塘型湿地水生植物群落重建工程：在此类型湿地中以种植挺水植物和浮水植物为主，选择适合当地生境的植物种类进行水生植物群落重建。

湖泊水面和岛屿型湿地群水生植物群落重建工程：在此类型湿地中以种植挺水植物和沉水植物为主，选择适合当地生境的植物种类进行水生植物群落重建。

7.2.2.3　堤岛面源阻控工程

主要实施范围在辽河保护区 1050 线内河岸带及湖心岛的绿化带、斜坡及平台上，建设内容包括河岸滩涂部分（图 7-15）。其中护岸 30 m 内种植草坪及灌木植被。绿化植物主要包括枫杨、灌木柳、杞柳、黑麦草、高羊茅、狗牙根、香根草、苗马兰、泽兰、迎春花等。用以实现农业面源污染阻控。

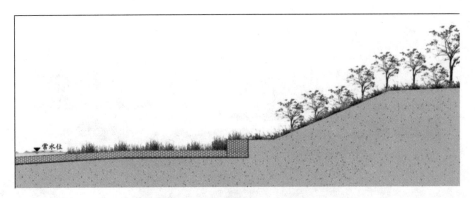

图 7-15　堤岛面源阻控工程示意图

7.2.3　工程量计算

7.2.3.1　河流湿地水网建设工程

　　河流坑塘湿地水网建设内容包括湿地岛屿之间的湖泊水面、湖泊与湖泊之间的水系流动连通渠。深度根据现有沙坑深度和河道水深设定，建成后达到丰水期全部淹没、平水期连通渠水流畅通、枯水期连通渠断流的效果。

　　考虑河岸稳定，湖泊及坑塘要保持边坡稳定而需进行削坡，削坡比 1：2，以便进行湖泊及坑塘湿地建设。

　　（1）铁岭市兴隆台坑塘湿地网。

　　坑塘水面开挖土方：500 000 m²（水面面积）×3.0 m=150 万 m³；

　　连通渠开挖土方：边坡比按 1：2，坡顶为 2.0 m 高，河道宽度按 10 m 计算，1/3×2.0 m×800 m（河流长度）×10 m=5 333 m³。

　　（2）铁岭市前下塔子河滩坑塘湿地群。

　　坑塘水面开挖土方：400 000 m²（水面面积）×3.0 m=120 万 m³；

　　连通渠开挖土方：边坡比按 1：2，坡顶为 2.0 m 高，河道宽度按 10 m 计算，1/3×2.0 m×600 m（河流长度）×10 m=4 000 m³。

　　（3）铁岭市胜台子下游坑塘湿地群。

　　坑塘水面开挖土方：1 000 000 m²（水面面积）×3.0 m=300 万 m³；

　　连通渠开挖土方：边坡比按 1：2，坡顶为 2.0 m 高，河道宽度按 10 m 计算，1/3×2.0 m×1 800 m（河流长度）×10 m=1.2 万 m³。

　　（4）新民市朱尔山河滩坑塘湿地群。

　　湖泊水面开挖土方：800 000 m²（水面面积）×3.0 m=240 万 m³；

　　连通渠开挖土方：边坡比按 1：2，坡顶为 2.0 m 高，河道宽度按 10 m 计算，1/3×

2.0 m×2 400 m（河流长度）×10 m=1.6 万 m³。

（5）新民市达连岗子湿地群。

湖泊水面开挖土方：1 200 000 m²（水面面积）×3.0 m=360 万 m³；

连通渠开挖土方：边坡比按 1∶2，坡顶为 2.0 m 高，河道宽度按 10 m 计算，1/3×2.0 m×2 700 m（河流长度）×10 m=1.8 万 m³。

（6）新民市杏树坨子大型湿地群。

湖泊水面开挖土方：900 000 m²（水面面积）×3.0 m=270 万 m³；

连通渠开挖土方：边坡比按 1∶2，坡顶为 2.0 m 高，河道宽度按 10 m 计算，1/3×2.0 m×1 200 m（河流长度）×10 m=8 000 m³。

（7）辽中县下万子道路交错带湿地群。

湖泊水面开挖土方：500 000 m²（水面面积）×3.0 m=150 万 m³；

连通渠开挖土方：边坡比按 1∶2，坡顶为 2.0 m 高，河道宽度按 10 m 计算，1/3×2.0 m×1 800 m（河流长度）×10 m=1.2 万 m³。

（8）辽中县红庙子桥下游湿地。

湖泊水面开挖土方：700 000 m²（水面面积）×3.0 m=210 万 m³；

连通渠开挖土方：边坡比按 1∶2，坡顶为 2.0 m 高，河道宽度按 10 m 计算，1/3×2.0 m×1 500 m（河流长度）×10 m=1 万 m³。

（9）鞍山市圈河湿地群。

湖泊水面开挖土方：300 000 m²（水面面积）×3.0 m=90 万 m³；

连通渠开挖土方：边坡比按 1∶2，坡顶为 2.0 m 高，河道宽度按 10 m 计算，1/3×2.0 m×1 800 m（河流长度）×10 m=1.2 万 m³。

7.2.3.2 水生植物群落重建工程

水生植物配置：上面种植挺水植物，植物种类包括镳草、菖蒲、水葱、千屈菜等，根据河道水文、地质条件进行优选，平均栽种密度为 10 株/m²。水面植物可因地制宜，种植适应当地条件、生长繁殖迅速、有利物质输出，并有一定利用价值的沉水植物，如伊乐藻、苴草、金鱼藻等，根据河道水文、地质条件进行优选。沉水植物沿河道两侧各种植一列（列宽约 1 m），植株密度大约为每平方米水面 5 束。采用种苗抛撒法，通过植物无性繁殖，形成群落长期的维持机制。

（1）铁岭市兴隆台坑塘湿地网。

挺水植物面积：10 000 m×10 m=10 万 m²；

浮水植物面积：8 000 m×10 m=8 万 m²。

（2）铁岭市前下塔子河滩坑塘湿地群：柴河上游。

挺水植物面积：9 000 m×10 m=9 万 m²；

浮水植物面积：8 000 m×10 m=8 万 m²。

（3）铁岭市胜台子下游坑塘湿地群。

挺水植物面积：13 000 m×10 m=13 万 m²；

浮水植物面积：11 000 m×10 m=11 万 m²。

（4）新民市朱尔山河滩坑塘湿地群。

挺水植物面积：11 000 m×10 m=11 万 m²；

沉水植物面积：10 000 m×10 m=10 万 m²。

（5）新民市达连岗子湿地群。

挺水植物面积：14 000 m×10 m=14 万 m²；

沉水植物面积：12 000 m×10 m=12 万 m²。

（6）新民市杏树坨子大型湿地群。

挺水植物面积：12 000 m×10 m=12 万 m²；

沉水植物面积：11 000 m×10 m=11 万 m²。

（7）辽中县下万子道路交错带湿地群。

挺水植物面积：9 000 m×10 m=9 万 m²；

沉水植物面积：7 000 m×10 m=7 万 m²。

（8）辽中县红庙子桥下游湿地群。

挺水植物面积：7 000 m×10 m=7 万 m²；

沉水植物面积：6 000 m×10 m=6 万 m²。

（9）鞍山市圈河湿地群。

挺水植物面积：7 000 m×10 m=7 万 m²；

沉水植物面积：6 000 m×10 m=6 万 m²。

7.2.3.3 堤岛面源阻控工程

绿化植物主要包括枫杨、灌木柳、杞柳、黑麦草、高羊茅、狗牙根、香根草、苗马兰、泽兰、迎春花等。

（1）铁岭市兴隆台坑塘湿地网绿化带面积为 1 万 m²；

（2）铁岭市前下塔子河滩坑塘湿地群绿化带面积为 8 000 m²；

（3）铁岭市胜台子下游坑塘湿地群绿化带面积为 1.8 万 m²；

（4）新民市朱尔山河滩坑塘湿地群绿化带面积为 1 万 m²；

（5）新民市达连岗子湿地群绿化带面积为 1.5 万 m²；

（6）新民市杏树坨子大型湿地群绿化带面积为 1.2 万 m²；

（7）辽中县下万子道路交错带湿地群绿化带面积为 9 000 m²；

（8）辽中县红庙子桥下游湿地绿化带面积为 1 万 m²；

（9）鞍山圈河湿地群绿化带面积为 8 000 m²。

7.3 牛轭湖湿地建设治理工程设计总体思路

（1）湿地位点选择。利用河道内牛轭湖区域、弯道河段、河漫滩宽广区域、低洼地及较大型河心岛，建设湿地，从而提高河道整体的污染物降解和水质净化能力。

辽河干流牛轭湖的分布特点与泥沙淤积相似，巨流河和兰旗险工等平原段由于淤积严重，大大小小牛轭湖也相对较多。牛轭湖形成后，由于水量不足尤其是非汛期，致使河道湿地的面积萎缩、破碎化程度加剧、自然植被退化、动物的栖息环境恶化，变成荒弃河滩。

根据辽河保护区湿地网络水利调控规划，配合牛轭湖自然湿地削减入河污染负荷、增强水体自净能力、改善河流水质、涵养水源、调洪蓄洪、维持景观多样性等作用，在主河道上根据河道态势选取具有构建大面积牛轭湖湿地优势的河道进行牛轭湖自然湿地恢复。

（2）湿地修建与恢复。利用牛轭湖的原始废弃河道隔离牛轭湖自然湿地区域，设定湿地中心区和活动区的面积，对牛轭湖区域下垫面进行适当的坡度修整，在新河道一侧根据汛期排水要求以及牛轭湖自然湿地生态需水量设置水利设施进行水利调控，利用河道蓄水工程的橡胶坝抬升水位将牛轭湖区域灌水，形成稳定的生态水面，在凸面河滩的形成淹水深度不同的水生、沼生、湿生、中生的生境。

（3）植被恢复。引种水生植物并使其成为优势物种是生态修复的关键。湿地植物的恢复以牛轭湖区域原有的土著植物为主，根据不同淹水深度和不同的土壤质地选取不同类型植物播种或移植，形成稳定的植物生境，为野生动植物，尤其是鱼类和鸟类提供栖息地，形成错落有致、具有自我恢复功能的牛轭湖自然湿地生态系统（图 7-16）。

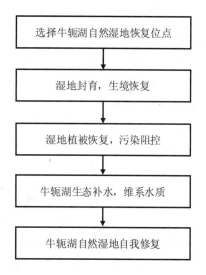

图 7-16 牛轭湖自然湿地恢复技术路线

7.3.1 工程原理

7.3.1.1 天然湿地恢复范围

巨流河段包括巨流河流域，沈家岗子附近河道支流、自然积水沟、河漫滩、冲蚀阶地，养息牧河的河道支流、自然积水沟、河漫滩，以及沈家岗子附近的大型牛轭湖、水塘、排水沟渠等地。兰旗险工段牛轭湖湿地包括三面船闸以东，新三面船村以南，团山子村以西，二道房村，徐家岗以北收回的废弃农田、河漫滩等区域。铁岭后歪脖树牛轭湖湿地带（0.8 km²）范围包括后歪脖树西北街以北、龙王庙以西的天然牛轭湖和杨家塘坊以北的天然牛轭湖。

7.3.1.2 天然湿地恢复措施

（1）在保护区天然植被稀疏的地段实行保护措施，提高植被盖度，促进天然植被恢复和自然生境改善，对湿地保护类型区内所有森林、灌木及草本植物都要严格封禁，对湿地草场要严禁放牧，保护和促进生物种源的恢复和发展。

（2）对湿地的草甸和沼泽地植被，实行严格的管理措施。对湿地内具有天然下种能力且分布均匀的乔、灌木区域，如果幼苗密度在 600～900 株/hm²，具有萌芽能力，根株密度 750～900 株/hm²，应进行封育，加快植被恢复，湿地封育面积 8 000 hm²。其中，乔木树种包括：新疆杨、垂柳、刺槐、速生杨、火炬树、家榆、五角枫等；灌木包括：杞柳、连翘、榆叶梅等。种植芦苇、荷花等水生植物，紫花苜蓿等地被花卉。乔木采用自然式组团栽植，所有乔木均带冠，灌木要求品字形栽植，地被植物要求达到满铺效果。

（3）湿地水生植被恢复：通过人工措施来引种和恢复芦苇、香蒲、水葱、睡莲等水生植物，形成湿地特有的植物群落，既能发挥调节湿地的功能，又能为野生动物提供藏身之地。研究结果表明，芦苇、香蒲等湿地植物有很强的耐盐和耐污能力，对盐分和有机污染物具有很强的吸收和富集能力，同时芦苇又具有很高的经济价值，通过芦苇的收割，就可以将水体盐分和污染物转移，达到净化的效果。苇沼的恢复又为水禽、鱼类等湿地生物多样性营造了栖息地。本项目计划引种和恢复芦苇、香蒲、水葱、睡莲等水生植物 1 000 hm²。

7.3.1.3 湿地恢复用水估算

巨流河牛轭湖湿地自然生态植被现状面积为 36 km²，联网后的巨流河牛轭湖湿地网包括巨流河以东、辽河干流以西的牛轭湖、沈家岗子以西的牛轭湖湿地区域。通过增容，扩大牛轭湖原有河道宽度，每年到丰水期，河水暴涨，大量的洪水倒灌入牛轭湖湿地。

兰旗险工牛轭湖湿地群自然生态植被面积 22.23 km^2，后歪脖树牛轭湖湿地带包括中心面积 0.8 km^2 的湖心岛，恢复湿地带面积 29.0 km^2。

目前维持现状需生态水 3.0 亿～4.0 亿 m^3。湿地保护区建设项目年需水 6.0 亿～6.5 亿 m^3，可满足水源要求。

7.3.2　工程设计

7.3.2.1　引洪封育工程

对于辽河保护区的天然植被应进一步加大保护力度，严格执行与天然植被保护相关的政策法令，对天然植被全部采取封育措施。选择人为破坏严重、天然恢复困难的地段，实行植物资源恢复工程。同时，建立相应的种苗基地，有计划地选育土著植物，进行驯化、繁育和种植实验，加快植被恢复的进程。

乔、灌、草一体的河谷地段和茂密的芦苇荡，是野生动物栖身和繁衍最为理想的场所。所以要特别注意保护好湿地内现有的天然次生林、灌丛和芦苇沼泽，并且要用封育的方式，尽可能地增加天然次生林、灌丛和沼泽植被资源。结合当地的实际情况，根据现有植被的分布情况及立地条件的不同，划分为乔灌型、灌木型、灌草型等封育类型。

新民县：巨流河牛轭湖湿地为乔木封育类型。兰旗险工段牛轭湖湿地生态性维持较好，绿草覆盖岸边，可作为乔木、草型封育类型。后歪脖树牛轭湖湿地周围是大面积废弃的农田，现有植被为乔木和杂草，封育类型为乔灌型。

根据封育区条件和封育目的，确定封育年限为：乔灌型 6 年，灌木型 5 年，灌草型 4 年。

（1）巨流河牛轭湖湿地建设。

建设内容：图 7-17 中 1-1，1-2 两处牛轭湖天然植被封育工程面积 25 km^2，围栏 25 km，人工促进天然植被更新工程面积 11 km^2。具体措施：利用洪水期，通过天然落种更新的方法和人工抚育幼苗的方式补给种源，促使天然植被恢复。1-1 牛轭湖湿地靠近城市，湿地恢复后可以阻控城市污水污染负荷，经过牛轭湖湿地的净化作用，保证进入辽河水系的水质达到Ⅳ类水质标准。

（2）兰旗险工段牛轭湖湿地建设。

建设内容：天然植被封育工程面积 12.23 km^2，人工促进天然植被更新工程面积 10 km^2（图 7-18）。具体措施：沿湿地湖、河、沼泽边缘，选择有条件的地方，采用人工促进天然更新（开沟断根、引洪灌溉、根萌、桩萌、天然落种更新等）和封育恢复相结合的方法，保护和恢复植被。

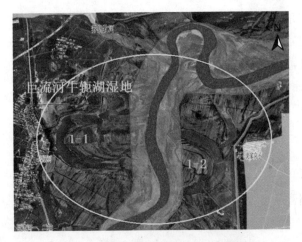

图 7-17　巨流河牛轭湖湿地规划图

图 7-18　兰旗险工牛轭湖湿地规划图

（3）后歪脖树牛轭湖湿地建设。

建设内容：天然植被封育工程面积 23 km²，围栏 61 km，人工促进天然植被更新工程面积 6 km²，引洪灌溉修建河疏通渠系 21 km（图 7-19）。具体措施：利用自然沟系，引洪灌溉，增加积水面积，采用开沟断根、根萌、桩萌等措施自然恢复植被。

植物可以通过吸收作用、微生物作用及物理作用来改善水质。经过植被恢复，污染阻控出水效果达到 COD 30 mg/L，氨氮 2 mg/L 的Ⅳ类水质标准。

7.3.2.2　面源污染阻控工程

根据牛轭湖当地的水质水量、土壤质地、水位高低，选择耐污程度相当，土壤质地和需水合适的植物作为先锋种、优势种、建群种进行湿地植物生境恢复。在水深小于 0.5 m 的浅水区，栽植蒲草、芦苇等亲水植物，若为沙质土壤则选择杭子梢、苦参等沙土植物，若存在无水区则栽植灌木或多年生草本植物（图 7-20）。水、土壤等物理生境和水生植物、鱼等生物生境将为野生动物，尤其是鸟类的迁徙、繁殖等提供栖息地，促使牛轭湖自然湿地自我恢复，实现对上游来水污染物的阻控和水质的净化。

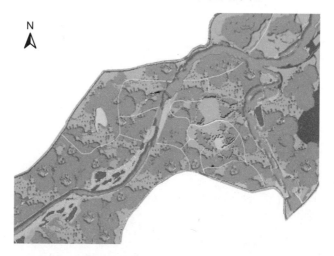

图 7-19　牛轭湖湿地植被恢复效果图

图 7-20　亲水植物和沙生植物

通过坡面修整，牛轭湖湿地中心区在非汛期可以形成淹水深度不同的水生、沼生、湿生、中生等多种生境，根据不同生境特点通过引入适当先锋种和建群种，使合适的土著水生植物成为优势物种，利用水生植物对氮、磷营养物质的吸收，达到水质净化的目的。

（1）巨流河牛轭湖湿地建设。

巨流河牛轭湖的形成十分典型，计划在此段通过下界面修整、植被恢复和水利调控建设 36 km² 的大型牛轭湖自然湿地，形成具有明水面、深水区、浅水区、湿生、沼生、中生等多种生境，通过水生植被的恢复引导鱼、虾等水生动物群体的恢复，重新形成生物链完整、系统稳定和自我恢复的大型牛轭湖自然湿地。

（2）兰旗险工牛轭湖湿地建设。

首先在兰旗险工段应修建牛轭湖湿地入水口引水堤，聚集流域水到达湿地，同时封堵河道弯曲段的一端，引导河水流向直道，弯曲部分逐渐形成牛轭湖湿地，对上游污染起到稀释作用。

（3）后歪脖树牛轭湖湿地建设。

后歪脖树湖心岛利用现有的高地，在里侧开挖排水渠道，形成四面环水的人工岛（图7-21）。渠道进口要与原排水渠道底高程相同，为便于形成水面，出口高程要比原排水渠道对应点高程高 0.3 m，渠道开口宽度为 15 m，边坡比为 1∶2.5；开挖渠道的土方堆积于湖心岛上，使湖心岛形成三级台地，最上部为一级台地，占地 5.27 亩，二级台地宽 25 m，三级台地宽 5 m，三级台地为原地面高程，一级台地与二级台地高差 0.5 m，二级台地与三级台地高差 0.3 m。

图 7-21　形成湖心岛后效果图

7.3.2.3 水质强化净化与生境恢复工程

铁岭后歪脖树牛轭湖湿地带（0.8 km²）范围包括后歪脖树西北街以北，龙王庙以西的天然牛轭湖和杨家塘坊以北的天然牛轭湖。

在保护区天然植被稀疏的地段实行封育保护措施，在人为活动频繁的地段可采用工程围栏，对湿地内具有天然下种能力且分布均匀的乔、灌木区域，进行封育和引洪灌溉，加快植被恢复，工程面积 29 km²。错落有致、具有自我恢复功能的牛轭湖自然湿地生态系统可以实现阻断污染、净化水质的目标。

在后歪脖树段，通过工程措施维护基底的稳定性，稳定湿地面积并对湿地的地形地貌进行改造。疏通扩大河道，建设连通的水系，在图 7-18 所示 1-3 牛轭湖段形成连通的牛轭湖湿地带。湿地区内栽植以芦苇和香蒲为主的水生植物，削减水中氮、磷营养物，净化水质。在地势较高区域栽植金叶糖槭和山桃稠李（图 7-22）。

东北连翘　　　　　　　　　山桃稠李　　　　　　　　　金叶糖槭

图 7-22　湿地主要植物

在图 7-23 所示 1-5 牛轭湖湿地区域，以废弃河道为湿地中心区边界，对坡度较缓的凸面河滩进行适当的坡度修整，以便在牛轭湖淹水后在凸面河滩形成淹水深度不同的水生、沼生、湿生、中生生境，生境植物削减污染负荷，净化水质（图 7-23）。牛轭湖新河道一侧的水利设施根据牛轭湖自然湿地中心区生态用水量和防洪泄洪的要求设置。通过增加河体深度和广度、植被恢复最终形成湖心岛。在岛上外围栽植垂柳，岛上其他大面积栽植东北连翘、山桃稠李、金叶糖槭等植物。

图 7-23　后歪脖树牛轭湖湿地规划图

7.3.2.4　生态补水与疏通河道工程

牛轭湖是弯曲河道因弯曲过度发生裁弯取直，原来的河道被废弃所留下的部分。辽河河道蜿蜒曲折，汛期径流量大，河道淤积十分严重，致使弯曲的河道容易改道形成大量的牛轭湖。

在兰旗险工牛轭湖段，牛轭湖因泥沙淤积会形成坡度较缓的滩面，有成为湿地的先天条件。以牛轭湖原始河道的自然态势为基础，利用已建成的河道蓄水工程并辅以下界面修整等措施形成具有水生、沼生、湿生、中生等动植物多重生存空间的湖泊湿地生境类型（图 7-24）。

图 7-24　疏通河道牛轭湖湿地带群

通过水利保障和水生植物恢复引导牛轭湖重新形成生物链完整、系统稳定和自我恢复的自然湿地生态系统。牛轭湖自然湿地能增强辽河水体自净能力，改善河流水质，同时还能发挥涵养水源、调洪蓄洪、调节气候等多重作用。

在生态补水与疏通河道工程中要正确处理好洪与涝、内水与外水、治理与排放、高地与低地等关系，将工程措施与非工程措施相结合，根据各区域地理位置不同采取不同的措施。

在兰旗险工段原有水面下进行垫面修整，扩大水面，引导辽河干流水注入牛轭湖，修整后形成大的牛轭湖湿地，湿地恢复引洪调用生态水 0.3 亿～0.5 亿 m³，同时对上游污染起到稀释作用（图 7-25）。

图 7-25　恢复扩大牛轭湖生态水面规划图

7.3.3　工程量计算

7.3.3.1　引洪封育工程

对辽河 3 处牛轭湖湿地群进行植被恢复，防护林种植。

（1）巨流河牛轭湖湿地建设。

植被恢复 2 块，长度分别为 4 000 m 和 5 000 m，斜坡长度为 3 m，防护林种植 10 m。

草坪植被面积：

面积 1=3 m×4 000 m×4=4.8 万 m²；

面积 2=3 m×5 000 m×4=6 万 m²。

防护林面积：

面积 1=4 000 m×10 m×4=16 万 m²；

面积 2=5 000 m×10 m×4=20 万 m²。

（2）兰旗险工牛轭湖湿地建设。

植被恢复长度 4 000 m，斜坡长度为 3 m，防护林种植 10 m。

草坪植被面积：3 m×4 000 m×4=4.8 万 m²。

防护林面积：4 000 m×10 m×4=16 万 m²。

（3）后歪脖树牛轭湖湿地建设。

植被恢复长度 4 000 m，斜坡长度为 3 m，防护林种植 3 m，共 3 块。

草坪植被面积：

面积 1=3 m×4 000 m×1=1.2 万 m²；

面积 2=3 m×4 000 m×4×2=9.6 万 m²。

防护林面积：

面积 1=4 000 m×10 m=4 万 m²；

面积 2=4 000 m×10 m×4×2=32 万 m²。

综上，以上 3 个工程草坪植被总面积=48 000 m²+60 000 m²+48 000 m²+12 000 m²+96 000 m²=26.4 万 m²。

岸边防护林总面积=200 000 m²+160 000 m²+160 000 m²+40 000 m²+320 000 m²=88 万 m²。

7.3.3.2 牛轭湖湿地面源阻控工程

（1）巨流河牛轭湖湿地建设。

巨流河牛轭湖湿地工段长约 2 000 m，边坡比按 1∶2.5，坡顶为 2.0 m 高，河道宽度按 15 m 计算。

河道开挖土方：1/3×2.0 m×2 000 m×15 m=2 万 m³。

（2）兰旗险工牛轭湖湿地建设。

兰旗险工段长约 2 200 m，边坡比按 1∶2.5，坡顶为 2.0 m 高，河道宽度按 15 m 计算。

河道开挖土方：1/3×2.0 m×2 200 m×15 m=2.2 万 m³。

（3）后歪脖树牛轭湖湿地建设。

后歪脖树湖心岛砾石床段：长约 800 m，边坡比按 1∶2.5，坡顶为 2.0 m 高，河道宽度按 15 m 计算。

开挖土方量：1/3×2.0 m×800 m×15 m=8 000 m³。

碎石填料量：800 m×2 m×15 m=2.4 万 m³。

综上，开挖土方量：20 000 m³+22 000 m³+8 000 m³=5 万 m³；

碎石填料量：2.4 万 m³。

7.3.3.3 水质强化净化与生境恢复工程

对辽河 3 处牛轭湖湿地群进行生境恢复，种植水生植物及沙生植物，实现净化水质。

（1）巨流河牛轭湖湿地建设。

湿地水面范围 2 000 m，种植宽度 100 m，共 2 个牛轭湖。

水生植物面积：2 000 m×100 m×2=40 万 m²。

沙生植物种植按照长度 4 000 m，种植宽度 10 m，共两块计算。

沙生植物面积：4 000 m×10 m×2=8 万 m²。

（2）兰旗险工牛轭湖湿地建设。

湿地水面范围 4 000 m，种植宽度 100 m。

水生植物面积：4 000 m×100 m×1=40 万 m²；

沙生植物种植按照长度 5 000 m，种植宽度 10 m 计算，

沙生植物面积：5 000 m×10 m=5 万 m²。

（3）后歪脖树牛轭湖湿地建设。

湿地水面范围 4 000 m，种植宽度 100 m，共 2 个牛轭湖，

水生植物面积：4 000 m×100 m×2=40 万 m²。

沙生植物种植按照长度 4 000 m，种植宽度 10 m，共 2 块计算，

沙生植物面积：4 000 m×10 m×2=8 万 m²。

水生植物总面积 = 40×10⁴ m²+40×10⁴ m²+40×10⁴ m²=120 万 m²；

沙生植物总面积=80 000 m²+50 000 m²+80 000 m²=21 万 m²。

7.3.3.4　生态补水与疏通河道工程

对辽河 3 处牛轭湖湿地下垫面修整开挖，进行河道疏通，扩大水面。

（1）巨流河牛轭湖湿地建设。

边坡比按 1∶2.5，坡顶为 2.0 m 高，牛轭湖面积按半径 1 000 m 计算。

下垫面修整开挖土方：1/3×2.0 m×3.14×1 000 m×1 000 m=209 万 m³。

（2）兰旗险工牛轭湖湿地建设。

边坡比按 1∶2.5，坡顶为 2.0 m 高，牛轭湖面积按半径 1 100 m 计算。

下垫面修整开挖土方：1/3×2.0 m×3.14×1 100 m×1 100 m=253 万 m³。

（3）后歪脖树牛轭湖湿地建设。

边坡比按 1∶2.5，坡顶为 2.0 m 高，牛轭湖面积按每个半径 1 100 m，共 2 个计算。

下垫面修整开挖土方量：1/3×2.0 m×3.14×1 100 m×1 100 m×2=506 万 m³。

综上，辽河 3 处牛轭湖湿地开挖土方总量：2.09×10⁶ m³+2.53×10⁶ m³+5.06×10⁶ m³=968 万 m³。

7.4　闸坝回水段湿地建设治理工程设计总体思路

采用"近自然型"的设计理念，根据河道的原始断面形态及河床、河岸的相对高差，并密切联系河道沿岸的土地利用情况，通过河道底泥生态清淤、河滩地平整、水生植物

群落重建和堤岸绿化等方式对回水区进行湿地恢复和建设，有力促进河道生态系统的培育和自循环。工艺流程如图 7-26 所示。

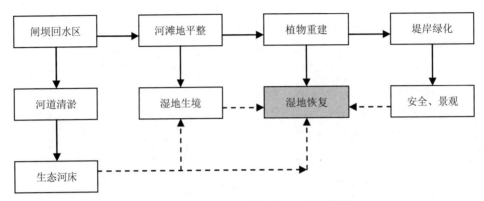

图 7-26　闸坝回水段湿地建设工艺流程图

7.4.1　工程原理

辽河干流由东辽河、西辽河在福德店汇合经盘山入海，处辽河流域中下游地区，呈菱形分布在辽宁省的中部，东北部和西北部背靠吉林省和内蒙古自治区，西南部面向辽东湾。辽河属平原河流，河道宽阔，高程相差不大，流速慢，平均水位低。水库建设和形成需要较大空间和时间。河流本身水位低，含沙量巨大，水库蓄水后容易形成大量沙洲，库容量较低。目前，辽河干流仅建立形成两个较大的水库，分别为石佛寺和盘山闸。为进一步进行水利调控，恢复辽河河流型湿地状态，保护大型湿地，橡胶坝建设迫在眉睫。

目前辽河干流上建设的橡胶坝调控水位主要在 2～5 m，通过橡胶坝的建设，可改变河流地貌，减缓流速，在回水段湿地中形成沙心洲，为动植物提供良好生境，对于水质净化、恢复生物多样性和保护河流湿地具有重要意义。

7.4.2　工程设计

本部分为闸坝回水区湿地建设工程，其主要目的就是通过对回水区进行湿地恢复和建设工程，改变现有河床无生态保护措施的现状，最大限度地减少水体污染物负荷，建成美丽的生态景观河流。

治理范围主要为辽河干流上铁岭段的哈大高铁公路桥橡胶坝回水区、沈阳新民段的马虎山公路桥橡胶坝回水区、沈阳辽中段的满都户橡胶坝回水区和沈阳辽中段的红庙子橡胶坝回水区，总长 35.71 km，主要工程内容为河道底泥生态清淤、河滩地平整、水生植物群落重建和堤岸绿化。

（1）铁岭哈大高铁公路桥橡胶坝回水区湿地建设。

铁岭哈大高铁公路桥橡胶坝坝高3 m，坝长80.6 m，回水长9.21 km，蓄水量138万 m³。中心位置在北纬42.436 390°，东经123.790 916°（图7-27）。最远自然湿地中心距离坝体中心20 km，平均坡度-1.0%，高程相差7 m；最近自然湿地相距1 km，高差1 m；居民地高差3 m，有河坝；亮子河河口人工湿地相距4 km，高差2 m；较远处，自然湿地高差2 m以上。控制人工湿地水位0.5 m，形成大量河心洲等生境，为湿地动物植物提供充足的湿地生境。另外，根据通江口的水文数据显示，5年、10年、30年一遇中水位变化不超过1 m，因此，按照设计，可以根据需要洪水期选择泄洪，或者是调整坝体运行水位在2～3 m。水位调控后，不能影响的湿地，封育自然恢复，主要水源靠干流来水提供。

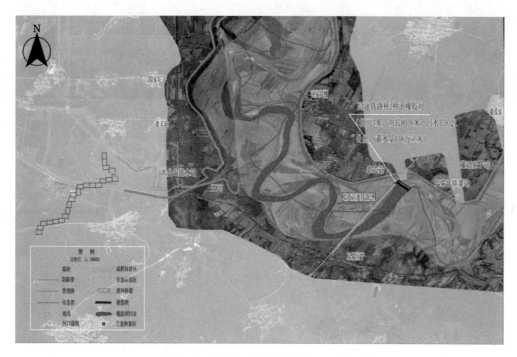

图7-27 铁岭哈大高铁公路桥橡胶坝

（2）新民马虎山公路桥橡胶坝回水区湿地建设。

新民马虎山公路桥橡胶坝坝高2 m，坝长137 m，回水长5.5 km，蓄水量35万 m³。橡胶坝位于马虎山下方，中心位置在北纬42.181 818°，东经123.485 489°（图7-28）。橡胶坝提高水位1 m，增加水面面积。通过水系连通，尤其是与辽河干流的连通可以为湿地的恢复和建设提供有利条件。另外，根据辽河干流马虎山水文站监测数据显示，30年一遇洪水水位高于5年洪水1.7 m。因此，按照设计，坝体平时运行水位1 m，5年洪水期可以升至2 m，30年一遇洪水期，保持水位1 m，溢流即可泄洪。

图 7-28　新民马虎山公路桥橡胶坝

（3）辽中满都户橡胶坝回水区大型湿地建设。

辽中满都户橡胶坝坝高 2 m，坝长 121 m，回水长 12.6 km，蓄水量 109 万 m^3。橡胶坝位于公路桥下方，中心位置在北纬 41.590 081°，东经 122.686 116°（图 7-29）。架设橡胶坝，控制水位，湿地最大高差 10 m，坡度平均 −0.9%。坝体运行水位为 2 m，淹没恢复河流型湿地 500 m 左右。5 年一遇保持坝体正常运行水位，30 年一遇高于 5 年一遇 0.6 m，洪水期运行水位保持为 1.4 m。按照设计，2015 年将进一步提高坝体，坝体运行水位升高至 3 m。

图 7-29　辽中满都户橡胶坝

（4）辽中红庙子橡胶坝回水区湿地建设。

辽中红庙子橡胶坝坝高 2.5 m，坝长 111 m，回水长 8.4 km，蓄水量 166 万 m³。橡胶坝位于公路桥下方，中心位置在北纬 41.441 367°，东经 122.632 326°（图 7-30）。湿地最大高差 4 m，坡度平均−0.9%。坝体运行水位为 2 m，淹没恢复河流型湿地在河槽左右 500 m。5 年一遇保持坝体正常运行水位，30 年一遇高于 5 年一遇 0.6 m，洪水期运行水位保持为 1.4 m。按照设计，2015 年将进一步提高坝体，坝体运行水位升高至 3 m。

7.4.2.1　河道底泥生态清淤工程

对辽河 4 处橡胶坝回水区，总长 35.71 km 河段河底沉积污染物较多的表层进行清理。河道底泥生态清淤方案同 5.3.2。

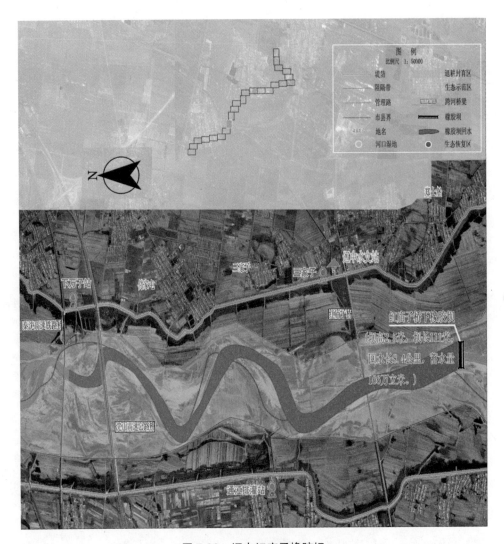

图 7-30　辽中红庙子橡胶坝

（1）铁岭哈大高铁公路桥橡胶坝回水区湿地建设。

对铁岭哈大高铁公路桥橡胶坝回水区，在枯水期，采用机械与人工相结合的方式，对长度为 9.21 km 河段河底沉积污染物较多的表层进行清理，清淤平均深度为 0.5 m，清淤 32.235 万 m^3，清淤底泥运至湿地恢复带构建岛屿或运至其他合适的地方堆放。通过清淤去除底质污染负荷，为水质改善奠定基础。

（2）新民马虎山公路桥橡胶坝回水区湿地建设。

清淤方法同上，对长度为 5.5 km 河段进行清理，清淤平均深度为 0.6 m，清淤 39.6 万 m^3。

（3）辽中满都户橡胶坝回水区湿地建设。

清淤方法同上，对长度为 12.6 km 河段清淤，平均深度为 0.5 m，清淤 63 万 m^3。

（4）辽中红庙子橡胶坝回水区湿地建设。

清淤方法同上，对长度为 8.4 km 河段进行清理，清淤平均深度为 0.5 m，清淤 42 万 m³。

综上，通过对辽河 4 处橡胶坝回水区，总长 35.71 km 河段河底沉积污染物进行清理，清淤 176.835 万 m³。

7.4.2.2　河滩地平整工程

根据现有河滩地情况，土地平整只能在现场内进行土方调配，保证余土不外运，缺土也不外拉，尽量做到平衡利用（图 7-31）。

河滩地平整方案如下：根据河滩地位置和高度，将 1050 线内，面积较大、且地势较高处河滩地表土用推土机或铲运机推运至相对低洼处，扩大回水淹没区，增加湿地面积，形成高低错落有致的湿地系统。对于不能全部平整为回水淹没区的河滩地，用推土机或铲运机修建宽 5～10 m 的连通渠，将辽河干流水引入，深度根据现有河道水深设定，形成湿地岛屿之间的水系流动，建成后达到丰水期全部淹没、平水期连通渠水流畅通、枯水期连通渠断流的效果。河滩地平整要根据推（运）土距离选择施工机械，距离 100 m 以内用推土机推土，距离 100～200 m 用铲运机铲运土。河滩地平整要与修筑渠道、管理路土方相结合。

图 7-31　平整土地

（1）铁岭哈大高铁公路桥橡胶坝回水区湿地建设。

在铁岭哈大高铁公路桥橡胶坝回水区，对长度为 5.2 km 河段两侧 80 m 范围内河滩地进行平整，平整河滩地 41.6 万 m²，在 1050 线内，构建湿地 41.6 万 m²，建成湿地与岛屿共存、水系流动、高低错落有致的湿地系统，削减河内污染负荷，使水质得到改善。

（2）新民马虎山公路桥橡胶坝回水区湿地建设。

对长度为 3.5 km，河段两侧 60 m 范围内河滩地进行平整，平整河滩地 21 万 m²，在 1050 线内，构建湿地 21 万 m²。

（3）辽中满都户橡胶坝回水区湿地建设。

对长度为 5.6 km，河段两侧 70 m 范围内河滩地进行平整，平整河滩地 39.2 万 m²，在 1050 线内，构建湿地 39.2 万 m²。

（4）辽中红庙子橡胶坝回水区湿地建设。

对长度为 4.4 km，河段两侧 90 m 范围内河滩地进行平整，平整河滩地 39.6 万 m²，在 1050 线内，构建湿地 39.6 万 m²。

综上，通过对辽河 4 处橡胶坝回水区，总长 18.7 km，河段两侧 60～90 m 范围内河滩地进行平整，平整河滩地总计 141.4 万 m²。在 1050 线内，构建湿地 141.4 万 m²，建成湿地与岛屿共存、水系流动、高低错落有致的湿地系统。

7.4.2.3 水生植物群落重建工程

水生植物在湿地网中的应用主要分为水边的植物配置、驳岸的植物配置、水面的植物配置以及堤、岛的植物配置等。配置时要考虑到物种搭配和生态功能，做到水体处理功能和观赏功能统一协调。物种搭配应主次分明，高低错落，符合各水生植物对生态位的要求，同时能充分发挥各水生植物的生态功能。

辽河干流水生植物群落恢复应分为原有植物的封育和植被重建两种情况。对于少数生境没有破坏和人为活动干扰较小的区域，可以采取保护性抚育的措施，划定相关区域进行保护，使存在轻微植被破坏的区域能自然恢复。对于人为干扰造成植被破坏的区域，应以恢复重建为主。

具体植物种类建议根据生境条件变化选择，按水位梯度进行种植。根据对辽河水生植物群落的调查，选用土著物种进行河道水生植物群落的重建。选定的挺水植物为芦苇和茭草，沉水植物为菹草、金鱼藻和苦草，浮水植物主要为水龙和浮萍。

水生植物配置：上面种植挺水植物，植物种类包括镰草、菖蒲、水葱、千屈菜等，根据河道水文、地质条件进行优选，平均栽种密度为 10 株/m²。水面下植物可因地制宜，种植适应当地条件、生长繁殖迅速、有利物质输出，并有一定利用价值的沉水植物，如伊乐藻、菹草、金鱼藻等，根据河道水文、地质条件进行优选，植株密度大约为每平方米水面 20 丛（图 7-32）。采用种苗抛撒法，通过植物无性繁殖，形成群落长期的维持机制。

莲

布袋莲

灯芯草

红蓼

莐草

芦苇

图 7-32　水生植物图片

（1）铁岭哈大高铁公路桥橡胶坝回水区湿地建设。

铁岭哈大高铁公路桥橡胶坝回水区，在水位深度大于 1 m 处，种植莲、布袋莲、莐草、金鱼藻和浮萍等沉水植物和漂浮植物；在水位深度为 0.5～1 m 处，种植芦苇、莐草、莐草、金鱼藻、苦草、水龙和浮萍等挺水植物、沉水植物和浮水植物；在水位深度为 0～0.5 m 处，种植野大豆等沼生植物；在无明显水面、土壤含水率较高处，种植芦苇等植物；在沙心洲和岛屿上，种植芦苇、杭子梢和苦参等植物。恢复植被面积 41.6 万 m²，进而实现水生植物群落的恢复和重建以及水质的有效净化。

（2）新民马虎山公路桥橡胶坝回水区湿地建设。

种植植物及方法同上，可恢复植被面积 21 万 m²。

（3）辽中满都户橡胶坝回水区湿地建设。

种植植物及方法同上，可恢复植被面积 39.2 万 m²。

（4）辽中红庙子橡胶坝回水区湿地建设。

种植植物及方法同上，可恢复植被面积 39.6 万 m²。

综上，通过对辽河 4 处橡胶坝回水区 141.4 万 m² 植被的恢复，实现水生植物群落的恢复和重建以及水质的有效净化。

7.4.2.4 堤岸阻控带建设工程

主要实施范围在辽河保护区 1050 线内河岸带、湖心岛和斜坡及平台上，总面积 137.6 万 m²，其中 18.7 km 河道长度的河岸带全部选用土著物种。护岸 10～20 m 内种植草坪植被，50～80 m 内构造阻控林。阻控带植物主要包括灌木柳、杞柳、黑麦草、高羊茅、狗牙根、香根草、苗马兰、泽兰、迎春花等（图 7-33）。

图 7-33　堤岸阻控带图片

图 7-34　闸坝回水段湿地建设效果图

（1）铁岭哈大高铁公路桥橡胶坝回水区湿地建设。

铁岭哈大高铁公路桥橡胶坝回水区，在长度为 5.2 km 的河岸带种植土著植物进行堤岸阻控带建设，护岸 15 m 内种植香根草、苗马兰、泽兰、迎春花等草坪植被，60 m 内种植灌木柳、杞柳构造阻控林，堤岸阻控带建设面积 39 万 m²。

（2）新民马虎山公路桥橡胶坝回水区湿地建设。

新民马虎山公路桥橡胶坝回水区，在长度为 3.5 km 的河岸带种植土著植物进行堤岸阻控带建设，护岸 10 m 内种植香根草、苗马兰、泽兰、迎春花等草坪植被，50 m 内种植灌木柳、杞柳构造阻控林，堤岸阻控带建设面积 21 万 m²。

（3）辽中满都户橡胶坝回水区湿地建设。

辽中满都户橡胶坝回水区，在长度为 5.6 km 的河岸带种植土著植物进行堤岸阻控带建设，护岸 10 m 内种植香根草、苗马兰、泽兰、迎春花等草坪植被，50 m 内种植灌木柳、杞柳构造阻控林，堤岸阻控带建设面积 33.6 万 m²。

（4）辽中红庙子橡胶坝回水区湿地建设。

辽中红庙子橡胶坝回水区，在长度为 4.4 km 的河岸带种植土著植物进行堤岸阻控带建设，护岸 20 m 内种植香根草、苗马兰、泽兰、迎春花等草坪植被，80 m 内种植灌木柳、杞柳构造阻控林，堤岸阻控带建设面积 44 万 m²。

7.4.3 工程量计算

7.4.3.1 河道底泥生态清淤工程

对辽河 4 处橡胶坝回水区，总长 35.71 km 河段河底沉积污染物进行清理，清淤厚度为 0.5～0.6 m，清淤段河宽为 70～120 m。其中：

（1）铁岭哈大高铁公路桥橡胶坝回水区湿地建设。

清淤长度为 9.21 km，清淤厚度为 0.5 m，清淤段河宽平均为 70 m，清淤土方量为：9 210 m×0.5 m×70 m=32.235 万 m³。

（2）新民马虎山公路桥橡胶坝回水区湿地建设。

清淤长度为 5.5 km，清淤厚度为 0.6 m，清淤段河宽平均为 120 m，清淤土方量为：5 500 m×0.6 m×120 m=39.6 万 m³。

（3）辽中满都户橡胶坝回水区湿地建设。

清淤长度为 12.6 km，清淤厚度为 0.5 m，清淤段河宽平均为 100 m，清淤土方量为：12 600 m×0.5 m×100 m=63 万 m³。

（4）辽中红庙子橡胶坝回水区湿地建设。

清淤长度为 8.4 km，清淤厚度为 0.5 m，清淤段河宽平均为 100 m，清淤土方量为：8 400 m×0.5 m×100 m=42 万 m³。

综上，辽河 4 处橡胶坝回水区清淤土方总量为：322 350 m³+396 000 m³+630 000 m³+420 000 m³=176.835 万 m³。

7.4.3.2 河滩地平整工程

对辽河 4 处橡胶坝回水区,总长 18.7 km 河段两侧 60～90 m 范围内河滩地进行平整。其中：

（1）铁岭哈大高铁公路桥橡胶坝回水区湿地建设。

平整河滩地长度为 5.2 km，平整河滩地宽度平均为 80 m，平整河滩面积为：5 200 m×80 m=41.6 万 m²。

（2）新民马虎山公路桥橡胶坝回水区湿地建设。

平整河滩地长度为 3.5 km，平整河滩地宽度平均为 60 m，平整河滩面积为：3 500 m×60 m=21 万 m²。

（3）辽中满都户橡胶坝回水区湿地建设。

平整河滩地长度为 5.6 km，平整河滩地宽度平均为 70 m，平整河滩面积为：5 600 m×70 m=39.2 万 m²。

（4）辽中红庙子橡胶坝回水区湿地建设。

平整河滩地长度为 4.4 km，平整河滩地宽度平均为 90 m，平整河滩面积为：4 400 m×90 m=39.6 万 m²。

综上，辽河 4 处橡胶坝回水区平整河滩地总面积为：416 000 m²+210 000 m²+392 000 m²+396 000 m²=141.4 万 m²。

7.4.3.3 水生植物群落重建工程

在辽河 4 处橡胶坝回水区,根据回水区水位情况,对总长 18.7 km 河段两侧水位小于 2 m，宽度在 60～90 m 范围内的湿地进行水生植物群落重建。其中；

（1）铁岭哈大高铁公路桥橡胶坝回水区湿地建设。

对长度为 5.2 km 河段两侧水位小于 2 m,平均宽度为 80 m 的湿地进行水生植物群落重建，水生植物群落重建面积为：5 200 m×80 m=41.6 万 m²。其中：

沉水植物面积：5 200 m×50 m=26 万 m²;

挺水植物面积：5 200 m×30 m=15.6 万 m²。

（2）新民马虎山公路桥橡胶坝回水区湿地建设。

对长度为 3.5 km 河段两侧水位小于 2 m，平均宽度为 60 m 的湿地进行水生植物群落重建，水生植物群落重建面积为：3 500 m×60 m=21 万 m²，其中：

沉水植物面积：3 500 m×37.5 m=13.125 万 m²；

挺水植物面积：3 500 m×22.5 m=7.875 万 m²。

（3）辽中满都户橡胶坝回水区湿地建设。

对长度为 5.6 km 河段两侧水位小于 2 m，平均宽度为 70 m 的湿地进行水生植物群落重建，水生植物群落重建面积为：5 600 m×70 m=39.2 万 m²，其中：

沉水植物面积：5 600 m×43.8 m=24.528 万 m²；

挺水植物面积：5 600 m×26.2 m=14.672 万 m²。

（4）辽中红庙子橡胶坝回水区湿地建设工程。

对长度为 4.4 km 河段两侧水位小于 2 m，平均宽度为 90 m 的湿地进行水生植物群落重建，水生植物群落重建面积为：4 400 m×90 m=39.6 万 m²，其中：

沉水植物面积：4 400 m×56.8 m=24.992 万 m²；

挺水植物面积：4 400 m×33.2 m=14.608 万 m²。

综上，辽河 4 处橡胶坝回水区水生植物群落重建总面积为：416 000 m²+210 000 m²+392 000 m²+396 000 m²=141.4 万 m²，其中：

沉水植物面积：260 000 m²+131 250 m²+245 280 m²+249 920 m²=88.645 万 m²；

挺水植物面积：156 000 m²+78 750 m²+146 720 m²+146 080 m²=52.755 万 m²。

7.4.3.4　堤岸阻控带建设

在辽河 4 处橡胶坝回水区 1050 线内，对总长 18.7 km 河段两侧护岸 10～20 m 内种植草坪植被，50～80 m 内构造阻控林。其中：

（1）铁岭哈大高铁公路桥橡胶坝回水区湿地建设。

对长度为 5.2 km 河段两侧护岸 15 m 内种植草坪植被，60 m 内构造阻控林。堤岸阻控带建设面积为：5 200 m×75 m=39 万 m²，其中：

草坪植被面积：5 200 m×15 m=7.8 万 m²；

阻控林面积：5 200 m×60 m=31.2 万 m²。

（2）新民马虎山公路桥橡胶坝回水区湿地建设。

对长度为 3.5 km 河段两侧护岸 10 m 内种植草坪植被，50 m 内构造阻控林。堤岸阻控带建设面积为：3 500 m×60 m=21 万 m²，其中：

草坪植被面积：3 500 m×10 m=3.5 万 m²；

阻控林面积：3 500 m×50 m=17.5 万 m²。

（3）辽中满都户橡胶坝回水区湿地建设。

对长度为 5.6 km 河段两侧护岸 10 m 内种植草坪植被，50 m 内构造阻控林。堤岸阻控带建设面积为：5 600 m×60 m=33.6 万 m²，其中：

草坪植被面积：5 600 m×10 m=5.6 万 m²；

阻控林面积：5 600 m×50 m=28 万 m²。

（4）辽中红庙子橡胶坝回水区湿地建设。

对长度为 4.4 km 河段两侧护岸 20 m 内种植草坪植被，80 m 内构造阻控林。堤岸阻控带建设面积为：4 400 m×100 m=44 万 m^2，其中：

草坪植被面积：4 400 m×20 m=8.8 万 m^2；

阻控林面积：4 400 m×80 m=35.2 万 m^2。

综上，辽河 4 处橡胶坝回水区堤岸阻控带建设总面积为：390 000 m^2+210 000 m^2+336 000 m^2+440 000 m^2=137.6 万 m^2，其中：

草坪植被面积：78 000 m^2+35 000 m^2+56 000 m^2+88 000 m^2=25.7 万 m^2；

阻控林面积：312 000 m^2+175 000 m^2+280 000 m^2+352 000 m^2=111.9 万 m^2。

参考文献

[1] 解玉浩，朴笑平，祝振霞. 清河水库鲢鳙鱼放养效果的初步分析[J]. 淡水渔业，1981，6：19-22.

[2] 解玉浩. 北方地区大水面鲤鲫鱼资源增殖问题[J]. 中国水产，1981，4：10-11.

[3] 朴笑平，解玉浩. 清河水库（can）条鱼的种群生态学资料[J]. 水产科学，1981，2：16-20.

[4] 张远，徐成斌，马溪平，等. 辽河流域河流底栖动物完整性评价指标与标准[J]. 环境科学学报，2007，27（6）：919-927.

[5] 张楠，孟伟，张远，等. 辽河流域河流生态系统健康的多指标评价方法[J]. 环境科学研究，2009，22（2）：162-170.

[6] 段亮，宋永会，白琳，等. 辽河保护区治理与保护技术研究[J]. 中国工程科学，2013，15（3）：107-112.

[7] 环境保护部污染物体排放总量控制司. "十二五"主要污染物总量减排目标责任书[M]. 北京：中国环境科学出版社，2012.

[8] 孟伟. 辽河流域水污染治理和水环境管理技术体系构建[J]. 中国工程科学，2013，15（3）：4-9.

[9] 孟伟. 流域水污染物总量控制技术与示范[M]. 北京：中国环境科学出版社，2008.

[10] 中华人民共和国环境保护部. 2011年中国环境状况公报[R]. 2012.

[11] 张郁，邓伟. 东北老工业基地的水市场建设初探——以辽河流域为例[J]. 东北师大学报：自然科学版，2005，37（2）：128-130.

[12] 闫振广，孟伟，刘征涛，等. 辽河流域氨氮水质基准与应急标准探讨[J]. 中国环境科学，2011，31（11）：1829-1835.

[13] 彭剑峰，宋永会，高红杰，等. 浑河沈抚区域重污染支流河治理技术研究[J]. 中国工程科学，2013，15（3）：103-106.

[14] 宋永会，彭剑峰，曾萍，等. 浑河中游水污染控制与水环境修复技术研发与创新[J]. 环境工程技术学报，2011，1（4）：281-288.

[15] 李磊光. 辽河流域（辽宁段）水土流失现状及治理对策分析[J]. 水土保持科技情报，2003（1）：42-43.

[16] 夏青，陈艳卿，刘宪兵. 水质基准与水质标准[M]. 北京：中国标准出版社，2004.

[17] 姚治君，刘宝勤，高迎春. 基于区域发展目标下的水资源承载能力的研究[J]. 水科学进展，2005，16（1）：109-113.

[18] 向连城，宋永会，段亮，等. 辽河流域重污染行业废水处理最佳可行技术评估方法与系统开发[J]. 中

国工程科学，2012，15（3）：49-54.

[19] 贾振邦，赵智杰，李继超，等. 本溪市水环境承载力及指标体系[J]. 环境保护科学，1995，21（3）：9-11.

[20] 鄢璐，王世和，黄娟，等. 潜流型人工湿地基质堵塞特性试验研究[J]. 环境科学，2008，29（3）：627-631.

[21] 叶捷，彭剑峰，高红杰，等. 低温下潮汐流人工湿地系统对污水净化效果[J]. 环境科学研究，2011，24（3）：294-300.

[22] 钟春欣，张玮. 基于河道治理的河流生态修复[J]. 水利水电科技进展，2004，（3）：12-14.

[23] 孙东亚，赵进勇，董哲仁. 流域尺度的河流生态修复[J]. 水利水电技术，2005（3）：11-14.

[24] 刘大鹏. 基于近自然设计的河流生态修复技术研究[D]. 长春：东北师范大学，2010.

[25] 董哲仁，孙东亚，彭静. 河流生态修复理论技术及其应用[J]. 水利水电技术，2009（1）：4-9，28.

[26] 高吉喜. 可持续发展理论探索——生态承载力理论、方法与应用[M]. 北京：中国环境科学出版社，2001.

[27] 马丁·格里菲斯. 欧盟水框架指令手册[M]. 水利部国际经济技术交流中心，译. 北京：中国水利水电出版社，2008.

[28] 董哲仁. 试论河流生态修复规划的原则[J]. 中国水利，2006（13）：11-13.

[29] U. S. Environmental Protection Agency. Nutrient Criteria Technical Guidance Manual：Rivers and Streams. EPA-822_B-00-002[M]. USA：U. S. Environmental Protection Agency Office of Water，2000.

[30] Hey R D，Thorne C R. Stable Channels with Mobile Gravel Beds[J]. Journal of Hydraulic Engineering，1986，112（8）：671-689.

[31] Hey R D. Environmental River Engineering[J]. Water and Environment Journal，1990，4（4）：335-340.

[32] Hey R D. Geometry of River Meanders[J]. Letters to Nature，1976，262：482-484.

[33] brookes A. Channelized Rivers：Perspectives for Environmental Management[M]. Andrew Brookes，1988.

[34] Uusi-Kamppa J，Braskerud B，Jansson H. Buffer Zones and Constructed Wetlands as Filters for Agricultural Phosphorus[J]. Allance of Crop，Soill，and Environment Science Socleties，1998，29（1）：151-158.

[35] Ohio Environmental Protection Agency. Users Mantual for Biological Field Assessment of Ohio Surface Waters[M]. USA：Ohio Environmental Protection Agency，1987.

[36] Amoros C，Roux A L，Reygrobellet J L. A Method for Applied Ecological Studies of Fluvial Hydrosystems[J]. Regulated Rivers：Research & Management，1987，1（1）：17-36.

[37] Brinson M M，Lugo A E，Brown S. Primary Productivity，Decomposition and Consumer Activity in Freshwater Wetlands[J]. Annual Review of Ecology and Systematics，1981，12：123-161.

[38] Newson M D，Clark M J，Sear D A. The Geomorphological Basis for Classifying Rivers[J]. Aquatic

Conservation: Marine and Freshwater Ecosystems, 1998, 8 (4): 415-430.

[39] Johnson P, Gleason G, Hey R. Rapid Assessment of Channel Stability in Vicinity of Road Crossing[J]. Journal of Hydraulic Engineering, 1999, 125 (6): 645-651.

[40] Cooper J R, Gilliam J W, Daniels R B, et al. Riparian Areas as Filters for Agricultural Sediment[J]. Allance of Crop, Soill, and Environment Science Socleties, 1986, 51 (2): 416-420.

[41] Cooper J R, Loram J W. Some Correlations Between the Thermodynamic and Transport Properties of High T Oxides in the Normal State [J]. Journal de Physique, 1996, 6 (12): 2237-2263.

[42] Mason C F. Long-term Trends in the Arrival Dates of Spring Migrants[J]. Bird Study, 1995, 42 (3): 182-189.

[43] Mason C F, Barak N A-E. A Catchment Survey for Heavy Metals Using the Eel (Anguilla) [J]. Chemosphere, 1990, 21 (4-5): 695-699.

[44] Feld C K, Hering D. Community Structure or Function: Effects of Environmental Stress on Benthic Macroinvertebrates at Different Spatial Scales[J]. Freshwater Biology, 2007, 52: 1380-1399.

[45] Arthington A H, Pusey B J. Flow Restoration and Protection in Australian Rivers[J]. River Research and Application, 2003, 19 (1): 377-395.

[46] Petts G E, Moeller H, Roux A L, et al. Historical Change of Large Alluvial Rivers: Western Europe[M]. New York: John Wiley and Sons, 2008.

[47] Richardson C J. Mechanisms Controlling Phosphorus Retention Capacity in Freshwater Wetlands[J]. Science, New Series, 1985, 228 (4706): 1424-1427.

[48] Kern K A, Norton J A. Cancer Cachexia[J]. Journal of Parenteral and Enteral Nutrition, 1988, 12 (3): 286-298.

[49] Anon. Australian and New Zealand Guidelines for Fresh and Marine Water Quality. Volume 1, The Guidelines[M]. Agriculture and Resource Management Council of Australia and New Zealand: Australian and New Zealand Environment and Conservation Council, 2000.

[50] Mcglynna B L, Mcdonnella J J, Shanley J B. Riparian Zone Flowpath Dynamics During Snowmelt in a Small Headwater Catchment[J]. Journal of Hydrology, 1999, 222 (1-4): 75-92.

[51] Petts G. Water Allocation to Protect River Ecosystems[J]. Regulated Rivers: Research & Management, 1996, 12 (4-5): 353-365.

[52] Bean M J. Strategies for Biodiversity Protection, in Precious Heritage: The Status of Biodiversity in the United States[M]. Oxford University Press, 2000: 255-274.

[53] 郭怀成, 徐云麟, 洪志明, 等. 我国新经济开发区水环境规划研究[J]. 环境科学进展, 1994, 2 (4): 14-22.

[54] 黎巍, 曾向东. 城市污水处理厂的技术经济综合分析与评价[J]. 工业安全与环保, 2009, 35 (1): 16-18.

[55] 邓保乐，祝凌燕，刘慢，等. 太湖和辽河沉积物重金属质量基准及生态风险评估[J]. 环境科学研究，2011，24（1）：33-42.

[56] 李强坤，李怀恩，胡亚伟，等. 黄河干流潼关断面非点源污染负荷估算[J]. 水科学进展，2008，19（4）：460-466.

[57] 惠秀娟，杨涛，李法云，等. 辽宁省辽河生态系统健康评价[J]. 应用生态学报，2011（1）：181-188.

[58] 孟伟，张远，郑丙辉. 辽河流域水生态分区研究[J]. 环境科学学报，2007，27（6）：911-918.

[59] 高红杰，彭剑峰，宋永会，等. 多层组合生物浮岛对城市河水的净化效果[J]. 环境工程技术学报，2011，1（4）：334-338.

[60] 宋智刚，王伟，姜志强，等. 应用 F-IBI 对太子河流域水生态健康评价的初步研究[J]. 大连海洋大学学报，2010，25（6）：480-487.

[61] Franoise B，Jacques B. Landscape Ecology Concepts，Methods and Applications[M]. New Hampshire Science Publishers Inc，2003：18-24.

[62] Odum E P. The Effects of Stress on the Trajectory of Ecological Succession[J]. Stress Effects on Natural Ecosystems. John Wiley and Sons Ltd.，1981.

[63] 彭启文. 流域水生态承载力理论与优化调控模型方法[J]. 中国工程科学，2013，15（3）：33-42.

[64] 格雷德尔艾伦比. 产业生态学[M]. 施涵，译. 北京：清华大学出版社，2004.

[65] 王如松，周涛，陈亮. 产业经济学基础[M]. 北京：新华出版社，2006.